U0318245

识璞知珠集

任炜带您识珠宝

任炜　著

中国发展出版社

图书在版编目（CIP）数据

识璞知珠集：任炜带您识珠宝/任炜著. —北京：中国发展出版社，2013.8

ISBN 978 -7 -80234 -975 -9

Ⅰ.①识… Ⅱ.①任… Ⅲ.①宝石—基本知识 ②玉石—基本知识 Ⅳ.①TS933

中国版本图书馆 CIP 数据核字（2013）第 162310 号

书　　　名：识璞知珠集：任炜带您识珠宝
著作责任者：任　炜
出 版 发 行：中国发展出版社
（北京市西城区百万庄大街 16 号 8 层　100037）
标 准 书 号：ISBN 978 -7 -80234 -975 -9
经　销　者：各地新华书店
印　刷　者：北京科信印刷有限公司
开　　　本：787mm×1092mm　1/16
印　　　张：13.25
字　　　数：192 千字
版　　　次：2013 年 8 月第 1 版
印　　　次：2013 年 8 月第 1 次印刷
定　　　价：98.00 元

联 系 电 话：（010）68990642　68990692
购 书 热 线：（010）68990682　68990686
网 络 订 购：http：//zgfzcbs.tmall.com//
网 购 电 话：（010）68990639　88333349
本 社 网 址：http：//www.develpress.com.cn
电 子 邮 件：fazhanreader@163.com

目　录

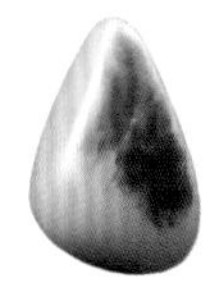

科普摘要篇

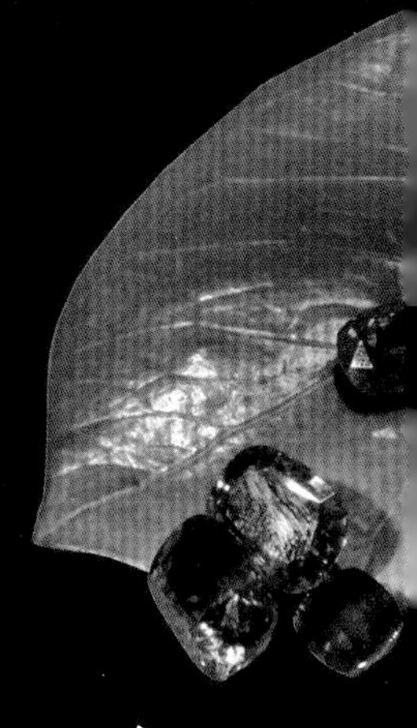

有色宝石篇

钻石

希腊语“Adamas”，意思是不可征服和不灭。它是Diamond一词的来源。不同国家把钻石用做不同用途，古代人用钻石来制造工具和雕刻。例如，非洲和中东就用钻石做交易来代替货币，成为世界上最早用的货币。在古代，钻石的意思还有“魔法”、“健康”、“保护”、“毒药”，以及代表财富、繁荣、地位、永久的爱。传说，希腊、罗马的爱神丘比特（Cupid）上的箭也是用钻石做成的。钻石是皇权、王位的象征。钻石也是最受爱神宠幸的信物，它的坚硬表示爱情的天长地久，牢不可破；它闪烁的五彩光芒象征爱情的火焰，丰富而又灿烂；它的洁白透明象征爱情的纯洁无私。更由于15世纪时奥地利的大公麦斯美尼安向法国的玛丽公主求婚时赠送了一枚钻石戒指，从此使爱情与钻石结下了永世的情缘。

现在社会上许多人用钻石作为浪漫的象征，如结婚用的钻石戒指等，而在2世纪的罗马，钻石戒指已在一些仪式中出现。到4世纪时，基督徒也用钻石来做一些仪式。据考证，钻石至今已有3000多年的历史。开采钻石最古老的国家是印度。相传在古罗马时（公元前1000多年），罗马的贵族妇女已盛行戴钻石首饰。钻石传入我国的时间大致在唐朝，唐玄奘取经后，通过丝绸之路传入我国，金刚石之名也来自佛教经典，比喻它的“攻无不克，法力无穷”之意。

1725年，巴西发现了大型钻石矿藏，巴西成了世界上第一大供应国，印度退居第二。又经过150年的大量开采，巴西、印度相继出现矿源枯竭的趋势，这时在非洲南部又发现了大量的金刚石矿，直至今日非洲的产量一直居世界领先地位。

圆形、梨形、方形钻石裸钻

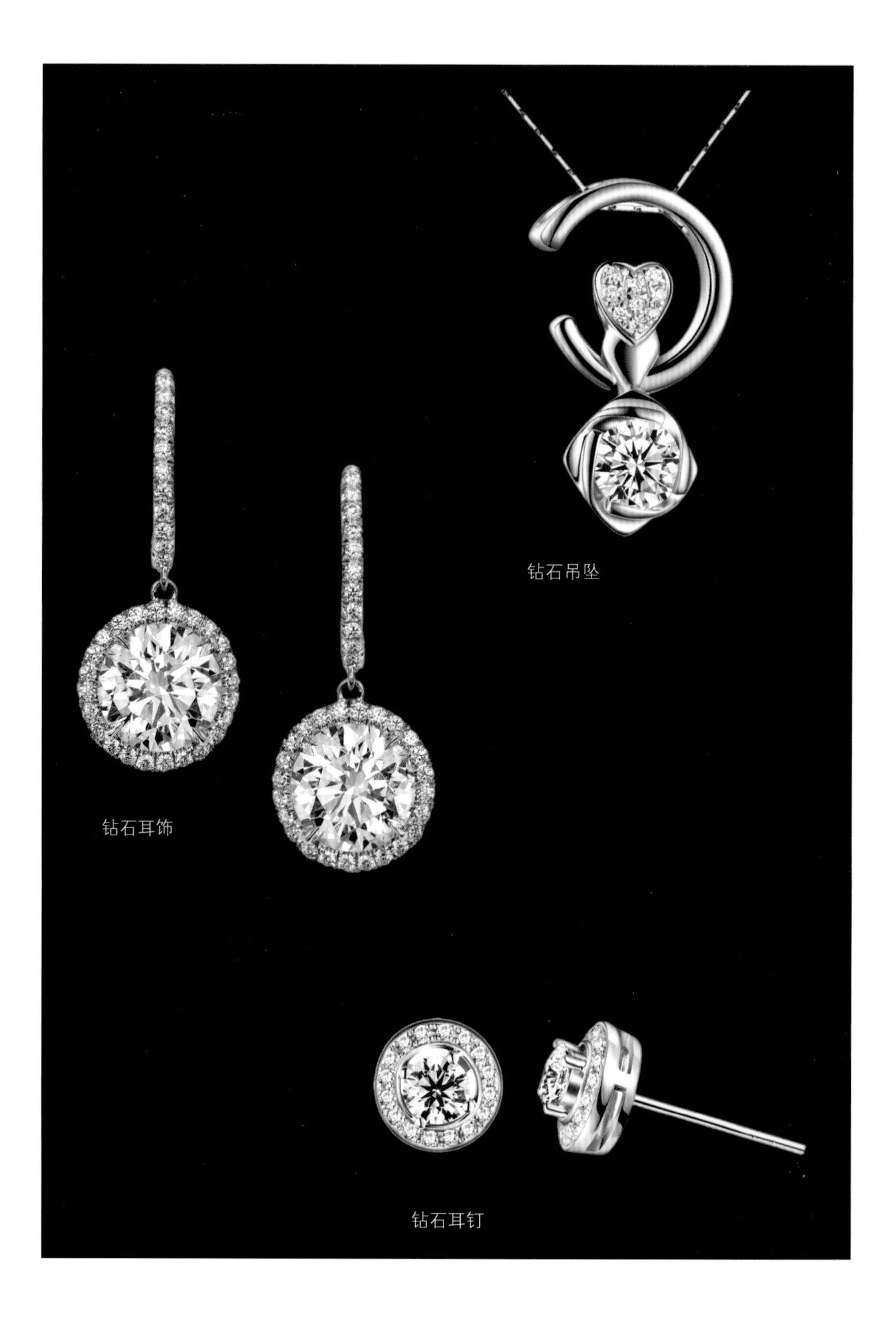
钻石吊坠

钻石耳饰

钻石耳钉

但从1980年澳大利亚发现大型钻石矿后，澳大利亚的金刚石产量跃居世界第一位，它的产量占全世界产量的1/3。而整个非洲的产量加在一起，约占全世界产量的1/2，仍超过澳大利亚，而且澳大利亚所产金刚石的品位较低，大多适用于工业，能用于首饰的比例较低，但在南部非洲地区所产金刚石的85%可用于首饰，于是，消费者凡论及钻石，言必称南非了。

那么，钻石到底是什么物质？

从矿物学角度进行分析，钻石是指经过琢磨的金刚石，金刚石是一种天然矿物，是钻石的原石。简单地讲，钻石是在地球深部高压、高温条件下形成的一种由碳元素组成的单质晶体。它属于等轴晶系，硬度为摩氏硬度的最高级10级，这便是钻石坚不可摧的本质原理。钻石比重为3.52，折射率2.42，颜色较多，淡黄或无色、浅褐和略带红色、浅绿、蓝色、黑色等。完全八面体节理，断口呈贝壳状。

钻石历史同发展

公元前322年~公元前185年，钻石出现于欧洲，开始用做装饰，法王路易斯九世（Louis Ⅸ）把钻石用做王室的象征，钻石的价值和重要性得以提高。

1214~1300年，早期的钻石车工技术发源于意大利。在1330年以后作为交易用品。

1477年，第一次有人用钻石戒指做订婚用。

1550年，第一个钻石切割工人协会在比利时成立。

1600~1750年，欧洲兴起钻石，印度成为钻石出产第一大国。

1860年，南非发现钻石，现代钻石工业诞生。

1905年，世界上最大的完美钻石Cullinan诞生在南非，原石为3025carats。

1939年，“4C”技术诞生。

1967~2000年，非洲Botswana成为最大钻石出产地方。

钻石的分级

对于一颗成品钻石，国际上采用“4C”标准来进行分级。“4C”包括：重量（Caratage）、净度（Clarity）、颜色（Color）和切工（Cut）。对每一个标准，不同机构有不同的分级体系。GIA分级体系建于1953年，是最早的标准之一。以下以GIA分级体系为例。

1. 重量（Caratage）

钻石的重量以克拉计算。1克拉=200毫克=0.2克。一克拉分为一百份，每一份称为一分。0.75克拉又称为75分，0.02克拉为2分。

2. 颜色（Color）

钻石有多种天然色泽，由珍贵的无色（切磨后白色）、罕见的浅蓝及粉红到常见的微黄不等。越是透明无色，越是能穿透，经折射和色散后更是缤纷多彩。最白的钻石定为D级（即从Diamond的第一个字母开始）。钻石色泽共分为11个级别，从D到Z按字母降序排列，D色最好。详情见表1。

表1　　钻石的颜色等级及特征

颜色等级	钻石外观特征
D	白色极透明（很亮），极稀少
E	白色透明（亮）
F	白色透明，倾斜桌面棱线部分带一点点微黄
G	正面看桌面呈白色，倾斜看桌面带一点微黄色
H	正面看桌面带一点微黄色
I	从正面看桌面，未经过专业训练的人也可以分辨出带有一点微黄色
J	从正面看桌面，明显看出黄色
K	正面看桌面，除了黄色还能分辨出一点点褐色
L、M	带有的褐色比 K 级的更深
N~Z	呈明显的黄色

如果钻石的颜色等级在Z之下，就被定为黄色彩钻。在判断钻石颜色等级时，要有基本的专业知识或受过专业的训练，才能准确的进行判别，还需要专业灯光和比色石的协助才能准确的定级。

3. 切工（Cut）

钻石的切工是指它的切磨比率的精确性和修饰完工后的完美性。好的切工应尽可能地体现钻石的亮度和光彩，并且尽量保持原石重量。GIA的切工等级从高到低分为Excellent（极优良）、Very Good（很好）、Good（佳）、Fair（尚可）、Poor（不佳）。

钻石最常见的切工是圆明亮形切割（Round Brilliant Cut），即将钻石的腰围分成上下两部分，上面是冠部（Crown）、下面是亭部（Pavilion），总共切成57个面。除此之外，所有的钻石切割都叫花式切割（Fancy Cut），如心形、梨形、水滴型、马眼形、公主方、祖母绿形、椭圆形、三角形、雷迪恩形，等等。钻石的形状主要是参考其原石外形，保证重量损失最小与最终价值最高为前提来切割成各种形状。正因为如此，圆明亮形的钻石一般价格最高，而其他形状的钻

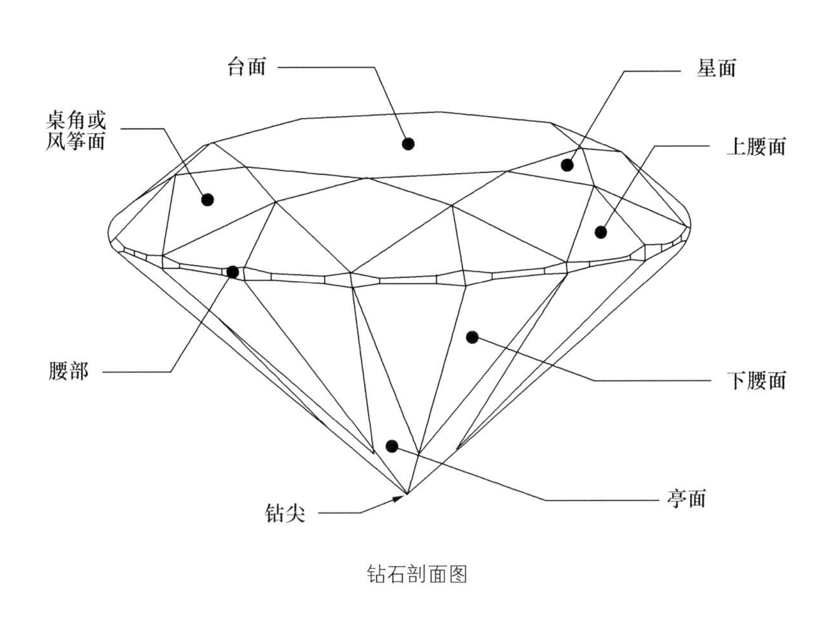

钻石剖面图

切工矢量图

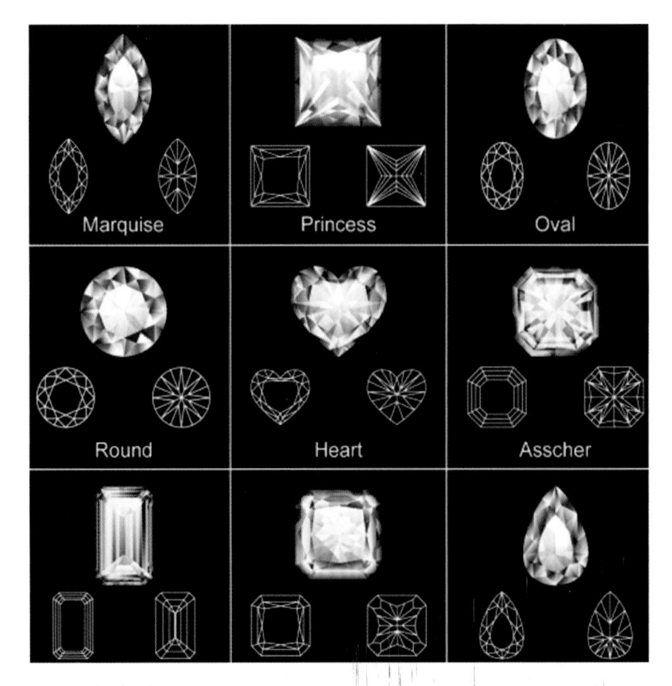

钻石切割类型

石并不会因为切工的不同或特殊而增加价钱。在这方面，如果卖家宣称这是特殊切工需要加价，那么消费者大可不必接受，事实上正因为是花式切割，钻石反而有了议价空间。

丘比特切工是现在的大热，它起源于日本，也称为“八心八箭”。若利用观察镜将钻石的桌面朝上，眼睛贴近观察镜，可以看到八只箭，如果将钻石反过来尖底朝上，则可以看见八颗心。丘比特切工深受恋人们和新婚人士的喜爱，如同丘比特的爱神之箭射中了新人，两人心心相印。要想钻石切割成八心八箭的样式，钻石必须有良好的对称性，桌面每个部位的小切面必须上下左右对称，桌面与尖底之间不能偏移。只有Excellent等级的钻石才能制作出八心八箭。

4. 净度（Clarity）

根据GIA，可以将钻石的内含物分成以下等级，见表2。

表2　　钻石的净度等级与特征

净度等级	特　征
FL（全美），即 flawless	内部和外部都无法看到瑕疵
IF（内部无瑕），即 internally flawless	外表腰围部分有天然面或多余面，但不影响钻石内含物等级
VVS1，VVS2（很轻微的瑕疵），即 very very slightly included	10 倍放大镜下专家都不易发现的瑕疵，通常为白色针点，VVS1 与 VVS2 的区别在于瑕疵数量。该等级已相当不错
VS1，VS2（轻微的瑕疵），即 very slightly included	10 倍放大镜下一般人不太容易找到的小瑕疵。瑕疵并不在桌面上，通常为白色针点或小的裂纹和小的包体。VS 级以上具有收藏价值
SI1，SI2（微瑕），即 slightly included	在 10 倍放大镜下能很清楚地看见瑕疵，也有可能出现在桌面上，通常为白色包体、云雾状包体、小的裂纹或小的黑色包体。SI1 与 SI2 的区别在于瑕疵量的多少以及分布位置
I1/I2/I3（瑕疵级），即 imperfect	表现为人眼可见的瑕疵，一般为云雾状包体、占直径 1/3~1/2 的裂纹或黑色包体。此级别的瑕疵状况已经严重影响到钻石的光泽与透明度，不适合制成宝石售卖及收藏

假钻石？魔星石？牛粪钻石？

大约在20世纪70年代，市面上出现了一种被称为苏联钻的假钻石。苏联钻并不是钻石，从本质上讲它的成分就与钻石不一样。苏联钻的成分为ZrO_2，是地球上原本不存在的物质，完全是人为创造出。其物理性质和化学性质也与天然钻石不同，它也不是合成宝石，只是看似钻石的人造宝石。现在1克拉八心八箭的苏联钻只要15元人民币就可以买到。

然而从1998年以后，市面上出现了另一种以假乱真的假钻石，几乎取代了苏联钻，它就是魔星石，现在许多人也称它为莫桑宝石。其成分为SiC，硬度9.5，比钻石硬度低，比重3.22，较之钻石更轻。莫桑宝石的颜色偏黄，约J~K级，通常含有针状内含物，若从桌面向下看，可以观察到亭部的棱线叠影。若需进一步验明正身的话，可以将其放入3.32比重液二碘甲烷上，若是莫桑宝石，便会浮在比

裸钻

重液上，而真钻因比重大会沉下去。当然，现今的检验技术可利用测钻机分辨真钻与莫桑宝石，但在使用前必须将检测物清洁干净，否则结果会有一定偏差。

现在用牛粪也可以做钻石了，当然，不用担心，不会有异味的。牛粪钻石其实是一种合成钻石，原理是利用成色不错的天然钻石为母石，用高纯度甲烷和氢气、氮气等辅佐，在微波炉中以高压方式让甲烷中的碳分子不断累积到钻石原石上，这样钻石便会“长大”。这个原理叫做“化学气象沉淀”，简称CVD，但其难点在于如何让钻石快速成长。另外，CVD制造出的钻石普遍带黄棕色，而且难以长到3克拉以上。在2005年，CVD技术有了飞跃性的发展，产出了一颗10克拉的无色透明CVD钻石，立刻引起了轩然大波。当然，消费者们不必对此有疑虑，毕竟它仍是合成钻石，经过专业鉴定机构的识别还是可以将其与天然钻石分辨出来的。

钻石的辐射处理

最常用在钻石上的优化处理方法就是辐射线加热。通过辐射，钻石可以从无色或白色转变为彩色。天然的蓝钻1克拉就要110万元人民币左右，如果是经过辐照处理，价格下降为4.7万元人民币左右。消费者也许会有顾虑，经过辐照的钻石佩戴在身上对人体健康有没有影响呢？这点可以放心，所有经过正规渠道售卖的辐照过的宝石都必须等辐射退到安全系数后才能提供给消费者。但经过处理的钻石收藏价值不高，升值空间也不大。因此，若想入手一颗有期待价值的钻石，建议考虑天然钻石。

看懂钻石报价表

钻石行情的最早收集者是美国的Martin Rapaport，后将其按照GIA钻石等级排序制定出来。

RAPAPORT DIAMOND REPORT

Tel: 877-987-3400 ◆ www.RAPAPORT.com ◆ info@RAPAPORT.com

March 5, 2010 : Volume 33 No. 10: APPROXIMATE HIGH CASH ASKING PRICE INDICATIONS : Page 2
NEW YORK ASKING PRICES: Round Diamonds in hundreds US$ Per Carat: THIS IS NOT AN OFFERING TO SELL

We grade SI3 as a split SI2/I1 clarity. Price changes are in **Bold**. Price decreases are in ***Italics***.
Rapaport welcomes confidential price information and comments. Please email prices@Diamonds.Net.

0.95-0.99 may trade at 5% to 10% premiums over 0.90

RAPAPORT : (.90 - .99 CT.) : 03/05/10 ROUNDS

	IF	VVS1	VVS2	VS1	VS2	SI1	SI2	SI3	I1	I2	I3
D	135	111	97	73	66	62	53	41	33	23	14
E	107	99	84	68	63	58	51	39	32	22	13
F	99	94	78	64	60	55	49	38	31	21	13
G	84	77	66	59	55	51	45	36	30	20	12
H	68	64	60	56	52	47	43	34	28	19	12
I	57	54	50	48	44	42	38	31	26	18	11
J	47	45	43	41	38	37	34	28	24	17	11
K	39	38	36	34	32	31	28	24	19	15	10
L	33	32	31	29	28	27	25	22	18	14	9
M	30	29	28	27	26	25	23	20	17	13	9

W: 77.56 = 0.00% ✧ ✧ ✧ T: 41.54 = 0.00%

1.25 to 1.49 Ct. may trade at 5% to 10% premiums over 4/4 prices.

RAPAPORT : (1.00 - 1.49 CT.) : 03/05/10

	IF	VVS1	VVS2	VS1	VS2	SI1	SI2	SI3	I1	I2	I3
D	238	175	149	115	90	73	61	48	41	28	16
E	165	154	128	105	85	68	58	45	39	27	15
F	144	131	116	95	80	65	55	43	37	26	14
G	107	101	95	82	73	61	53	41	36	25	13
H	87	83	78	70	63	58	51	40	34	24	13
I	74	71	66	59	55	52	46	37	31	22	12
J	60	58	56	53	48	46	43	33	27	20	12
K	54	52	50	48	41	40	36	30	25	18	11
L	48	46	45	43	38	36	32	28	23	16	10
M	40	39	37	35	31	29	26	22	20	15	10

W: 112.36 = 0.00% ✧ ✧ ✧ T: 55.20 = 0.00%

1.70 to 1.99 may trade at 7% to 12% premiums over 6/4.

RAPAPORT : (1.50 - 1.99 CT.) : 03/05/10 ROUNDS

	IF	VVS1	VVS2	VS1	VS2	SI1	SI2	SI3	I1	I2	I3
D	281	228	210	158	127	99	81	62	49	31	18
E	218	209	175	148	121	95	77	59	47	30	17
F	186	173	165	136	115	90	72	57	45	29	16
G	133	128	122	111	100	82	67	53	43	28	15
H	108	104	100	91	85	76	64	49	41	27	15
I	95	91	88	78	72	67	57	45	39	25	14
J	77	75	72	65	59	57	50	40	33	23	14
K	62	60	58	57	51	47	43	36	30	21	13
L	56	54	52	49	45	43	39	33	27	20	12
M	47	46	44	43	38	36	33	28	24	18	12

W: 149.28 = 0.00% ✧ ✧ ✧ T: 70.72 = 0.00%

2.50+ may trade at 5% to 10% premium over 2 ct.

RAPAPORT : (2.00 - 2.99 CT.) : 03/05/10

	IF	VVS1	VVS2	VS1	VS2	SI1	SI2	SI3	I1	I2	I3
D	412	333	300	238	173	132	108	74	58	34	19
E	313	293	250	213	166	129	105	72	56	33	18
F	275	248	223	188	159	122	98	69	54	32	17
G	203	187	171	152	139	114	94	65	51	31	17
H	160	148	138	127	118	102	88	60	48	30	16
I	125	121	114	105	97	88	80	55	46	28	15
J	100	96	92	86	80	73	68	50	42	25	15
K	90	87	84	78	73	66	61	48	36	24	14
L	70	68	66	63	57	52	47	40	31	23	13
M	60	59	58	57	49	44	40	35	26	21	13

W: 213.08 = 0.00% ✧ ✧ ✧ T: 95.70 = 0.00%

该报价表每两周更新一次，目前GIA钻石的定价都要参考rapaport diamond report。消费者若想获取此方面信息，可以登录http：//www.diamonds.net/查寻时时的报价，以作为参考。此表是以重量、净度、颜色作为依据，而没有考虑到切工，所以在真正销售时还有一定的议价空间。

报价表左侧的D/E/F/G/H/I/J/K/L/M是我们之前提过的颜色等级，上方的IF/VVSI/VVS2~I3是钻石的净度等级。表下方的W：后的数字为较佳的前25颗钻石（D~H，IF~VS2）的平均值，后面的0.00%是较前期的价格涨幅。同行上标注的T：后数字表示此表中每个等级和橙色的钻石总平均价格，其后的0.00%是此数值与前期相比的涨幅。

解读钻石GIA鉴定书

全球知名的国际鉴定机构皆由GIA的钻石分级制度尔后发展的，GIA第一个将等级给出统一标准后，维持既有的严谨度和领先业界的研究鉴定团队，使宝石及珠宝业者都接受GIA的专业领导。GIA的钻石报告书把钻石所有确实的纪录都告诉消费者，使顾客应有的知情权得以最好的保障。

一份钻石鉴定报告书为了保持其客观性，需要由三位以上的鉴定师将鉴定数据取平均值后才开立报告。所以，要判断钻石是否符合选购的条件，第一步就得学会如何看鉴定书。目前，国际鉴定机构有GIA、AGS、HRD等。在国内，大家对GIA较熟悉，以下便以GIA证书来做说明。

2005年，GIA同时开新版老版两种GIA证书，到2006年GIA全部只开新款式的钻石分级证书了，所以我们现在有可能遇到的GIA证书有两个版本。新版证书的最大特点就是多了一个C，即Cut Grade切工等级，也有一张很详细的切工比例图。

下页图是一张新版的GIA小证书的内页，通常我们所购买的1克拉以下的钻石都是这样的证书，所以它是最常见的GIA钻石证书。

首先左边从上到下的信息依次如下。

1. 证书标题部分

（1）Gemological Institute America：GIA实验室的LOGO。

（2）GIA DIAMOND DOSSIER：证书名称。

（3）开证书的日期。这个日期也代表了当时的检测水平和美金价格。但是现在我们都是按购买日的美金结算，所以就不去追究这个日期了。

2. 证书内容第一部分

（1）Laser Inscription Registry：激光印记《镭射编号》。GIA 13945200刻在钻石腰上的镭射号码，黑色，GIA三字为空心字母，编号与Report的编号一致，作为识别GIA钻石身份的证明。

（2）Shape and Cutting Style：钻石琢型。ROUND是圆钻，知识可以参考《标准圆钻明亮式切割》。其他形状的钻石有其特有的名称，比如祖母绿切割EMERALD CUT。

（3）Measurements：钻石尺寸。4.44~4.48×2.76mm，直径（最小~最大）×高度直径允许是个范围，单位是毫米。

3. 证书内容第二部分："4C"

（1）Carat Weight：钻石重量。GIA计算到小数点后2位，第三位逢9进一，比如32.89算32分，32.9算33分。

（2）Color Grade：钻石颜色。G是本钻颜色。宝石级白色钻石是从D色开始到Z色的，如上的颜色等级表。

GIA 证书示例图

（3）Clarity Grade：钻石净度。VVS2是本钻净度，也就是10倍放大镜下钻石的内涵物的多少。GIA将钻石净度分为FL、IF、VVS1-VVS2、VS1-VS2、SI1-SI2-SI3、I1-I2-I3等级别，从前到后依次降低，一般我们觉得佩带的高性价比是VS1-VS2这一级，收藏是IF这一级比较合适。如果是戴着玩，SI也可以，但是建议买SI的国内证书，要便宜很多；可以参照上文中的净度表。

（4）Cut Grade：钻石切工。这是新加的一个综合评价，看“4C”的切工就看这个，其实它是很多指标的综合衡量，也包括对称性和抛光性。Excellent是本钻切工。

4. 证书内容第三部分：附加信息

（1）Clarity Characteristics：包裹体。一些天然钻石的内部特征，比如crystal小晶体、cloud云雾状包裹体等，这些是在显微镜下才可以发现的内部特征，用来证明钻石的天然性。

（2）Finish：修饰度。也就是钻石切割完成后对钻石美丽程度的修饰，生活化一点就是化妆做发型，比不上Cut切工重要，但是如果修饰度好一些，也会增加钻石的美感。修饰度分为以下两个方面。

其一，Polish：抛光。抛光会增加钻石的亮度，但有一些钻石有天然的特征，比如原始晶面等，是不能被抛光掉的。所以，如果是这样的天然情况，对抛光也不要太苛求。

其二，Symmetry：对称性。对称就是一颗钻石左右切割得是否对称，因为所有钻石都有最大和最小的直径，没有一颗钻石是完全对称的。对称性在GOOD以上就有可能会出现八心八箭效应，但并不代表八心八箭就是好切工。记住，它仅仅是个特殊效应。

（3）Fluorescence：荧光。钻石有荧光是自然现象，蓝色的荧光可以增强钻石的亮白度，黄色的荧光可以降低亮白度。所以，带荧光的钻石也要看哪一种光，有荧光也无妨，也许会让钻石更加漂亮。

5. 证书内容第四部分：切工标示图

普通消费者只需要看GIA评价出的Cut Grade就可以了，其实GIA已经将这些复杂的数据总结概括成综合的切工评价了。

(1) 全深比：钻石高度和相对腰平均直径的百分比。这个比率看切工，GIA的标准是56.8%~62.4%为GOOD-EXCELLENT。

(2) 台宽比：台面宽度相对于平均直径的百分比。台面大小关系到钻石看起来的大小和是否会漏光，很关键。GIA的标准是52.5%~58.4%为EXCELLENT，美国人比较中意小台面，会让钻石的火彩很足。所以有人说买越大的看起来越大，的确看起来大了，但是钻石漏了光没了火彩，大了也没有意义。

(3) 钻石腰厚：腰太薄，易损坏崩边；腰太厚，会增加重量。

(4) 底尖：none。一般来说，小钻石的底尖都是保留的，有的大钻石为了保护钻石底尖不受损，事先把底尖磨掉，多了一个面。

除了钻石颜色和净度分级表外，条形码和镭射方块都是仿伪的。

AIGS

Gemstone Identification Report

Date	:	22 Aug 2012
Weight	:	2.04 Carats
Shape	:	Oval
Cut	:	Faceted
Measurements	:	8.51 x 6.07 x 4.48 mm
Primary Color	:	Red
Secondary Color	:	Pink
Result	:	**Natural Ruby**
Comment	:	No indication of heat process.

GF12081329

AIGS

Accredited Gemologist (AIGS)　Accredited Gemologist (AIGS)

AIGS Lab Co., Ltd.

ASIAN INSTITUTE OF GEMOLOGICAL SCIENCES

亚洲宝石学院证书

选购“秘籍”

1. 选钻石时，颜色优先还是净度优先

在资金有限的前提下，应该优先保证颜色等级还是纯净度呢？这是大多购买者会面对的两难选择。举个例子，如果准备用5万元左右购入钻石，大致可以挑选I，VVS2的钻石或者H，VS1的钻石。在这两种等级组合中，笔者推荐后者，即颜色更白一些，净度是轻微的瑕疵的钻石。毕竟不会有人拿着10倍放大镜来观察手上的钻戒，那么内含物等级稍微低一点也无伤大雅。但是颜色是失之毫厘谬以千里的，而且颜色I级是用肉眼就可以分辨出的微黄色，有一定的影响。当然，具体问题还要具体分析，如果消费者本身对净度有偏好的话，也可以选VVS2的钻石。

2. 钻石的克拉数越小，等级要越高越好

当钻石重量较小时，等级之间的价差也就不大了，当然要挑全美钻石，全美的地位是独一无二不容取代的。参考之前的报价，30分的钻石（D，IF）全美等级每克拉约1万元人民币，若是G，VS1等级的钻石，每克拉也要5000~6000元人民币，二者相差4000元。

3. 投资彩钻一定要GIA的证书，而且要看清楚证书上所写的鉴定内容

颜色是否为天然的，净度最好要在VS以上。如果是黄色彩钻，那么选择入手的最好是FANCY INTENSE或者FANCY VIVID。黄色彩钻5克拉以上的已经属于非常稀有的了，若遇到10克拉以上的而且也有投资能力的，那么不失为一次绝佳的机会。粉红色钻石深受女士们的喜爱，建议选择1克拉以上的，色级要在FANCY PINK以上，如果是5克拉左右的粉钻，色级是FANCY LIGHT PINK也无妨。蓝色彩钻也最好选1克拉以上的，FANCY BLUE以上为好。

投资彩钻前建议大家多去参加高档珠宝拍卖行的拍卖会，渐渐地就会对彩钻投资的大体方向有所了解。

钻石胸花

梨形裸钻

钻戒

4. 有GIA证书的一定是好钻石吗

这是绝大多数消费者的误区，也是许多卖方钻空子的地方。商家摆出来GIA的证书，以消除消费者的疑虑。其实回家后仔细研究才发现切工居然只有GOOD，而且钻石的腰围很粗会导致漏光。证书上会标明切工比例，桌面52%~62%、深度57%~63%是比较好的。购买附有GIA的钻石，要特别注意标示的钻石重量，尽量不要买刚好1克拉的钻石。因为钻石有没有达到1克拉，最终的差价会很大，如果刚好1克拉，便不能有任何碰撞缺角失分，有条件的话尽量挑1.03克拉以上的，给自己留些余地。

5. 有3个Excellent的高品质钻石

在证书中标注的切工分为Cut Grade（切工）、Polish（抛光）、Symmetry（对称性），如果检测结果这三项均注明是Excellent，并且荧光反应Fluorescence是Noun无，即表明此钻石切工甚好，相对价格也会比较高。

6. 去哪里买钻石呢

这一点因人而异，首先讲讲传统银楼。银楼优胜在亲切性与方便性，虽然以卖金银首饰为主，但因其比较注重信誉，所以也是挑选钻戒的好去处。价格方面建议消费者在去之前先做好功课了解行情，这样方便和店主议价。其次是各大商城的珠宝专柜。珠宝专柜的行销人员受过专业培训，口才很好，也对自己产品的卖点很了解，每款商品的优点脱口而出，巧妙地规避掉不足和缺点，这对刚入门的买家来说有些不便。但其产品大多款式新颖、流行性高，还可以分期付款，再加上在钻石专柜购买钻戒可以享受到备受推崇的气氛与尊贵感受。最后是品牌专营珠宝店。这类店面大多装修豪华优美，环境舒适，且提供一对一私人专项服务，享受VIP包厢，专人介绍解说，所以其吸引选购的消费群体多半是中高收入人群。品牌的珠宝对手工尤其讲究，其钻石的切工也很精致，不同品牌的设计风格错落不一，不论是当下的流行款、复古风，还是奢华的设计风格，都可以找到。到了这里，大多消费者在乎的都不是价位，而是品质、款式和美感。单论钻石本身，同品质的钻石可能在大品牌的光芒下价格翻几倍。

刚玉家族

刚玉Corundum名称起源于印度。在刚玉家族之中，最重要也最受喜爱的是红宝石与蓝宝石，当然粉刚、黄宝石和莲花刚玉等也是十分受追捧的家族成员，另外还有炫目的星光刚玉。

从矿物学角度来说，刚玉是一种由氧化铝（Al_2O_3）的结晶形成的宝石，它在摩氏硬度表中位列第9级，仅比钻石低一级。其比重为4.00，是六角柱体的晶格结构，属于六方晶系，断口呈贝壳状，具有玻璃光泽。刚玉的颜色相当丰富，有白、灰、黄、棕、绿、粉红、深红、蓝、紫，等等。其中，掺有金属铬的刚玉颜色鲜红，一般称之为红宝石；而蓝色或没有色的刚玉，普遍都会被归入蓝宝石的类别。

红宝石

红宝石是宝石界当之无愧的“皇后”。“瑰丽、清澈而华贵的红宝石是宝石中的王者，是宝中之宝，其优点超过所有其他宝石。”(《Lapidaie》)。古时在印度流传着红宝石的传说，美丽的红宝石本是一种特殊的白色石子，随着日升月落的时光流转，白色的石子集日月精华于自身，最终点燃了蕴藏在深处的烈火，从而变成了红艳如火的宝石。倘若时间不到却被发掘，它们就不会具有鲜艳的颜色，而是呈暗淡的或微红的颜色。另外，传说佩戴红宝石的人能够发财致富、睿智聪明、幸福美满、健康长寿，如果在左手戴一枚红宝石戒指或者在左胸戴一颗红宝胸针，则会有一种化敌为友、逢凶化吉的魔力。昔日的缅甸人相信红宝石能够保佑人不受伤害，所以上阵打仗的兵将们必定携带一颗红宝石在身上，以佑佐自己刀枪不入。盛行于13世纪极为昂贵的“红宝石药剂”，主要是用来治疗胆汁过多和肠胃胀气，今日听来依然难以相信。

作为七月的生辰石，红宝石象征着骄阳似火的七月，炫目的日光与红宝石夺目的光芒相得益彰，令人如同置身彩虹的彼端。所以人们又把红宝石比做爱情，将其作为结婚40周年的纪念石。也因为红宝石散发着典雅贵气的气息，常常受到成熟女性的青睐，多用以作为母亲节的礼物。

红宝石分类

世界上盛产优质红宝石的国家及地区有缅甸、斯里兰卡、泰国、越南、柬埔

蛋面无烧红宝石戒指

寨。其他产出国还有中国、澳大利亚、美国、坦桑尼亚等。

1. 世上最好的红宝——鸽血红宝石

出产于缅甸的红宝石中，颜色最高品级称为“鸽血红”，即红色纯正，如同鲜艳的鸽子血的颜色，且饱和度很高。优质的鸽血红宝石在日光下具有红色的荧光效应，无论从哪个切割面看，宝石都呈鲜红色，鲜活灵动、熠熠生辉。用显微镜观察天然未经过热处理的红宝石，可以发现金红石内含物，许多细小金红石针雾，如同霓虹灯般炫目多彩。

2. 斯里兰卡红宝石

斯里兰卡所产的红宝石以透明度高、颜色柔和而闻名于世，而且颗粒较大，颜色多彩多姿，从浅红到正红色及各种过渡色均有优质的宝石出产。另外，其色带发育充足，金红石内含物针细、长而且分布均匀。颜色艳丽且饱和度高的天然斯里兰卡红宝石，仅次于缅甸鸽血红宝石。

印度鸽血红宝戒指

印度红宝戒面

斯里兰卡星光红宝石

红宝星石内部微观图

3. 新兴红宝石——非洲莫桑比克红宝石

出自于非洲大陆莫桑比克地区的高品质红宝石，其颜色接近缅甸红宝石，自2008年起逐渐被市场所接受。其晶体完整，颗粒大，透明度较高，颜色由粉红色到饱和度较高的红色。不足之处是含较高的杂质铁元素。如若遇到颗粒大、颜色饱满又纯净的莫桑比克红宝，消费者则需留心，因为那极有可能是经过优化处理了内部杂质后再进行填充的。

非洲莫桑比克红宝石

4. 泰国红宝石

泰国红宝石与莫桑比克红宝石有同样的缺点，即含铁量高。另外，与缅甸红宝石相比，产自泰国的红宝石一般颜色较深，透明度不如缅甸红宝石好，多呈暗红色或棕红色。其在日光下不具荧光效应，只是在光线直射的刻面红色比较鲜艳，从其他刻面看则有些暗沉。其优点在于颜色普遍比较均匀。因为本身缺失金红石状包裹体，所以没有星光红宝石品种。

蓝宝石

蓝宝石可以说是同红宝石血脉相承的贵族宝石，它长久以来被认为是诚实和德高望重的象征，也拥有着许多的传奇。古波斯人信奉蓝宝石为撑托着大地的基石，它那神秘而柔和的光芒将整个天空映射成蓝色。而它的名字Sapphire是拉丁语“对土星的珍爱”，在古老的教廷意识中，蓝宝石具有保护国王免受伤害和妒忌的

斯里兰卡蓝宝石项链

蓝宝石戒面

蓝宝石戒面俯视图

神力，被镶嵌在王冠或教士环冠之上。基督教也时常将标志的十字诫镶刻在蓝宝石之上，作为镇教之宝。而在古老的东方，人们认为蓝宝具有指引光明道路的作用，佩戴蓝宝的人将不会遭受坏人的伤害，心想事成。在红蓝宝的故乡斯里兰卡还流传着星光蓝宝的故事。人们说在很久以前在世间存在着一个邪恶的魔王，而一位勇敢的小伙子为了消灭魔王将自己的血肉之躯化身为一把利剑，直直插进了魔王的咽喉。魔王在痛苦挣扎时把天空撞碎了一角，使许多星星坠落到了人间，蓝色的星光宝石便是之前点缀在深蓝色天空中的星星，而星光红宝石则是被小伙子的鲜血浸染了的星星。

蓝宝石分类

1. 矢车菊蓝宝石(Cornflower Blue)

矢车菊蓝是指蓝中带一点紫色调的蓝宝石，具有朦胧的天鹅绒外观，是目前

蓝宝石手链

世界上公认的最美的蓝宝石，其主要产自于印度北部的克什米尔地区。由于开采当地政局动荡且自然条件的限制，矢车菊蓝宝石已经极少出现在市场上，只有在佳士得及高级拍卖会上得以一见，成了真正神秘美丽的蓝宝石之王。

2. 丝绒蓝(Velvet Blue)

丝绒蓝指的是斯里兰卡蓝宝石，其色泽高贵，透明度高，也为国际上认可的优质蓝宝石颜色。

3. 皇家蓝(Royal Blue)

皇家蓝是指产自于缅甸的蓝宝石，其特点在于颜色的浓厚，但透明度略低于前两类蓝宝石。皇家蓝宝石与以上两类是国际上普遍认可的高级蓝宝石，消费者可作为参考并结合自身的喜好进行选择。

红蓝宝石鉴定

1. 无烧和二度烧红蓝宝石

业内常说的“无烧红宝”和“无烧蓝宝”就是指没有经过加热处理的红蓝宝石，这类宝石在市场上一直处于供不应求的状态。而与无烧红蓝宝石对应的则是二度烧红蓝宝石，所谓的“二度烧”，也称为扩散处理，即将原本无色的刚玉置入含有致色元素的化学原料中，再以高温加热使致色元素渗透宝石表面，使无色刚玉变成红宝石或蓝宝石。简而言之，扩散处理就是一种染色的处理方式，将原本没有的颜色经过致色的加热过程使之带有颜色。处理后的红宝石表面较不平整，而且扩散处理的颜色会集中在宝石刻面棱线上，可以用放大镜观察红蓝宝石的表面来检测，但是经过二度烧工艺处理了的刚玉，其后天加上的颜色只停留在宝石表面，无法进入内部。所以，二度烧宝石不能进行二次切磨和抛光，其颜色在正常的情况下是不会改变的，包括专业的超声波清洗，如果遇到了强酸或强碱，则有可能使其颜色和形状脱变。

那么，二度烧宝石值不值得买呢？笔者认为如果消费者个人喜欢而且价格不贵，还是可以考虑的，毕竟日常生活中接触强酸强碱的情况不多。

2. 裂隙填充处理

裂隙填充处理常出现在红宝石的处理上，以人造的玻璃或其他物质填入红宝石的裂缝中，这种处理若非专业的鉴定师很难光凭外表鉴定出来，所以要格外小心。这种处理方法大约兴起于2006年，多出现于非洲产的红宝石中，其中一部分颜色很接近缅甸红宝石的颜色，其价位上下浮动很大，很不稳定。

3. 深层扩散处理

这是一种新型的处理方法，也被称为Be扩散。深层处理可以说是二度烧的升级版，它不仅能在宝石表面染上一层颜色，还可以深入宝石内部。这种处理过的宝石，需要使用专业的宝石分析仪器才能测出来，鉴定师也很难进行判定，所以消费者在选购贵重的红宝石、蓝宝石时最好要求商家出具古柏林（Cubelin）、GRS和GIA等威权的鉴定证书。

4. 夹层红宝石与蓝宝石

与前三种处理方法不同，夹层的红蓝宝石从宝石鉴定的角度上来说，应该归为人造宝石之类。其夹层上部用透明的天然刚玉，而底下是合成的红宝石或蓝宝石。从宝石上方可以看到天然的内含物，消费者会以为是天然红宝石或蓝宝石，实际并非如此。所以需要从宝石的侧面观察，仔细的话可以发现上下两部分拼接的缝线。若用放大镜仔细观察，将会发现宝石同时含有天然与合成的内含物。

红蓝宝石鉴赏

与其他有色宝石的鉴赏通则类似，红蓝宝石的鉴赏也强调宝石的颜色、火光、透明度、瑕疵情况与成品的形状。

颜色当之无愧地成为挑选红蓝宝石的首要考虑条件，要色泽均匀，颜色不偏并且浓厚、饱和度高。若是红宝石，自然是前面红宝石分类里提到的纯正鸽血红最好，如果颜色偏向桃红或粉红，那么价格和收藏价值都会有所下降。

火光也常常被叫做火彩，是宝石内部折射出来的光芒，宝石折射率越高，火光则越强。而且宝石的切割小面越多，宝石越纯净透明，则显现出的火光越华丽闪烁。所以，在宝石切工比例好，形状设计优秀，抛光到位，那么火光自然出色。比如，斯里兰卡蓝宝石因其自身颜色鲜艳，加之底部的切割面多，所以火光相对较好。而泰国产的红蓝宝石均因底部面积小，自然切割面少，所以火光比不上斯里兰卡的绚丽。再者，透明度越高的红蓝宝石，价值越高；若透明度不够，即使颜色够浓，价位也会相对较低。

瑕疵也是需要考量的因素之一，但若购买的是纯天然未处理过的红蓝宝石，瑕疵或包体是难免的，若蓝宝石百分百纯净不带瑕疵反倒引人怀疑。所以，应以肉眼看不见为原则。如果宝石内部的包裹体影响到了光泽，便可以考虑另选其他了。

红蓝宝石成品的形状一般以椭圆形价格最贵，但也建议消费者依据自己的喜好进行选择形状以及整体设计和镶嵌、工艺，等等，这样购得的宝石也会符合个人的风格、个性和气质。

宝石之最

1. 圣·爱德华蓝宝石

这是英国皇家珠宝中历史最悠久的宝石之一，曾属圣·爱德华所有（11世纪），他生前曾把这枚蓝宝石镶嵌在戒指上，现在这颗宝石被镶嵌在王冠顶部的球体上方的十字架中心。其颜色纯正，饱和度高，质地清明无杂质且切割工艺精湛，加之深厚的历史文化底蕴，现今已成为蓝宝石的代表。

2. “印度之星”蓝宝石(Star of India)

这是世界上最大的星光蓝宝石，比高尔夫球还要大，重563.35克拉，直径6.35厘米。其六射星光完美无缺，而且瑕疵极少，虽然色泽不够艳丽，但仍不失为稀世珍宝。此宝石约在300年前采于锡兰岛。19世纪末，美国金融家J.P 摩根为了在巴黎的十届博览会上显示其富有，花了20万美元，从私人收藏家手中买了一批宝石，在会上展出，“印度之星”就是其中的一颗。当时正值美国纽约自然博物馆创建不久，正在收集各种珍品。于是摩根于1901年将宝石全部捐赠给了博物馆。

能与“印度之星”媲美的还有采自锡兰岛的116.75克拉的“深夜之星”蓝宝石，它能发出与众不同的浓紫色的光。这颗珍贵的宝石曾于1964年10月28日被窃，所幸在几个月之后又完璧归赵。

3. 卡门·露西亚红宝石

卡门·露西亚红宝石收藏于斯密逊博物馆（美国国家自然历史博物馆），是目前展出的最大的优质刻面红宝石。它也是世界上最大的红宝石，重达23.1克拉，是一颗无与伦比的宝石，于20世纪30年代来源于缅甸，以后颠沛辗转至欧洲，80年代被美国一位宝石收藏家收购。

红蓝宝石的市场行情

下面以等级高的缅甸红宝石和斯里兰卡蓝宝石为例说说它们的市场行情。下表数据更新截止为2012年1月。

红蓝宝石行情看涨也并不是绝对的，只有颜色鲜艳均匀、火光出众、纯净度高、透明度极好且重量大的才在未来有较大的升值空间，因为这样的宝石越来越少，物以稀为贵，自然价值高。当然，红蓝宝石的行情也有一定的区别，红宝石因其重量小，目前市场上1.5克拉以上的优质红宝石越来越少，而3克拉以上的更是具有收藏价值；蓝宝石2克拉以下的裸石相对较多，5克拉以上的优质斯里兰卡

红蓝宝石的市场行情

分类价位（人民币）	红宝石	蓝宝石
1 克拉	约 2.2 万~3.3 万元	2200~4400 元
1~2 克拉的每克拉价位	约 3.3 万~5.5 万元	4400~5500 元
2~3 克拉的每克拉价位	约 5.5 万~6.6 万元	6600~7700 元
3~4 克拉的每克拉价位	约 7.7 万~8.8 万元	8800~10000 元
5 克拉的整颗价位	约 66 万元	约 8 万元

注：以上指的都是经过热处理的红蓝宝石价位，若是未经过处理的宝石，则价格会更高。

蓝宝石才有较高的投资回报率。

星光刚玉

何为星光呢？它是指存在刚玉中的丝绢包裹体（细长的针状金红石晶体）在光线角度的变化之下会产生六射星光，非常悦目。星光蓝宝石也称星彩蓝宝石，多数是不透明至半透明。星光蓝宝石因其艳丽的星光色彩而被称为“命运之石”，构成星光的三个猫眼状光带代表忠诚、希望与博爱。会产生星光效应的宝石为数不少，但以星光红蓝宝石最为贵重。目前，则以缅甸和斯里兰卡产的最好。星光红蓝宝石属于专家收藏品，市面流通没有红蓝宝石高。

在挑选星光红蓝宝石时要注意星光是否足够清楚、位置是否在正中间、星光有没有中途断掉，通常情况下星芒越细越好，透明度的高低、颜色的鲜艳程度以及有无裂纹均应列入考虑范围。

星光刚玉有以下四个分类。

1. 缅甸星光红宝石

特点是重量小、颜色浅、透明度底、杂质较多，比较适合作为入门级星光宝石的收集者。市场上，1~3克拉的每克拉售价约150元人民币。

2. 缅甸或斯里兰卡星光蓝宝石

特点是星光明显耀眼，透明度较好，10~30克拉的每克拉售价约1.1万元人民币。

3. 印度星光红宝石

其颜色较深，为紫红色且透明度不够，价格比较低。10克拉以下的每克拉约120元人民币，10~30克拉的每克拉约220元人民币。

4. 泰国星光黑宝石

它是黑色宝石中最有特色的，也是刚玉星石中最便宜的。1~5克拉普通品质的每克拉不足100元人民币，10~50克拉、品质较高且少裂纹的每克拉500元人民币左右。

需要消费者注意的是，目前市场上也有不少的合成星光红蓝宝石，尤其在东南亚盛产，一颗看似不错的售价在660~1100元之间。此外，也有人造星芒的星光红蓝宝石，即宝石是天然的，但星光是人造的，它的大小通常在20克拉以上，以吸引消费者注意。

黄宝石

黄宝石在刚玉家族中也是声名显赫的“名家”，它的颜色从柠檬黄到威士忌黄都有，其中则以威士忌黄价位最高，而柠檬黄价格较便宜。总体上，黄宝石的价位比红蓝宝要低很多，也是有色宝石入门级的不错选择之一。

黄宝石的分类同红蓝宝石一样，也按其产地分级。

先说说泰国产的黄宝石。它的价格非常实惠，但大部分都是由绿色或者蓝色

黄宝石戒指

的刚玉经过加热改色而成的。1~2克拉的每克拉约330元人民币，3~5克拉的每克拉约700元，5~10克拉的每克拉约1400元，10~20克拉的每克拉则需2600元左右，20~50克拉的要3000元每克拉。

接下来要介绍一下在泰国被称为“老烧”的斯里兰卡黄宝石。“老烧”的意思是指只经过一次加热处理。斯里兰卡黄宝石现在的产量已经非常少了，1~2克拉的每克拉约1300元，3~4克拉的每克拉1700元，5~10克拉的每克拉约3000元，10克拉以上的极少，收藏价值非常高。

黄宝石吊坠

蛋面无烧红宝石

莲花刚玉

莲花刚玉是斯里兰卡特有的宝石，它的名字Padparedscha在当地语中是橘粉红色的意思，其产量相当稀少，同星光刚玉一样，也属于收藏级宝石。莲花刚玉通常都不太大，以1~2克拉最为常见，1克拉左右的每克拉约8000元，2克拉左右的每克拉则要11000元左右。需要注意的是，购买莲花刚玉几乎都要GRS证书，以防买到进行了优化处理的刚玉或是颜色等级不够达标等。

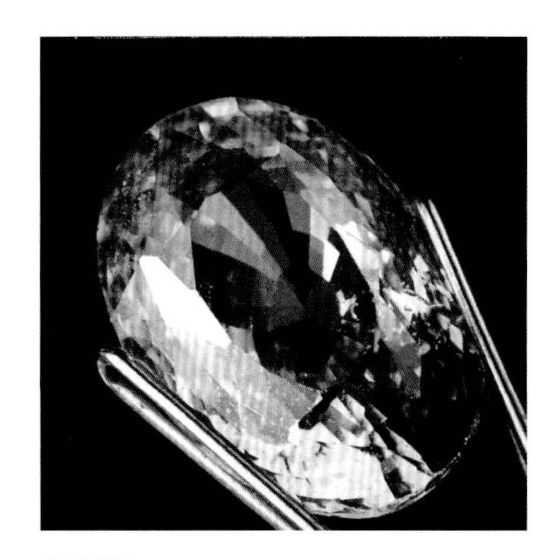

莲花刚玉

绿柱石家族

英语“绿柱石”一词来源于希腊语“海水般的蓝绿色”(beryllos)。绿柱石是铍-铝硅酸盐矿物，因在形成过程中所摄入的微量元素不同而产生许多不同颜色的宝石。有淡蓝色的（叫海蓝宝石），有深绿色的（叫祖母绿），有金黄色的（叫金绿柱石），有粉红色的（叫铯绿柱石），等等。蜜黄色的比较常见。绿柱石一般为六方柱形晶体，呈现的颜色一般多为各种绿色。绿柱石是炼铍的主要矿物原料，色泽美丽者是珍贵的宝石，如祖母绿、海蓝宝石、摩根石和黄金绿柱石。

祖母绿

历史由来

祖母绿的英文名称为Emerald，起源于古波斯语“Zumurud”，原意为绿色之石。中文原译为助木刺，《西厢记》中译为祖母绿，后流传至今。古希腊人称祖母绿是“发光的宝石”，无价宝贵。古代欧洲人则认为祖母绿对任何疾病都有疗效，《旧约圣经》中有记载：基督徒认为耶稣的复活与祖母绿有关，它是重获新生的象征，具备一种神圣的力量。印度人则对祖母绿极为崇拜，他们认为祖母绿能为佩带者带来好运，并且心情愉快。

有人这样描述过祖母绿:“即使一个最无知的野人，在潮湿的密林中绊倒遇见祖母绿时，他亦会深深觉知这颜色鲜艳晶莹的美和珍贵。”祖母绿的历史实际上是一个由传说和迷信编织而成的迷人而神秘的网。相传公元1600年，在哥伦比亚首都以北200多公里的莫索（MUZO），河水暴涨，汹涌澎湃，水流倒灌，冲刷了大量的泥沙。水患平息后，当地摩斯卡斯人回到昔日的家园时，发现往日清澈的河水变得浑黑，以为是河底的污泥被翻卷了起来。但人们在河里发现了大量美丽碧绿的宝石，这就是著名的哥伦比亚的祖母绿。摩斯卡斯人欣喜若狂，精选出一些美丽的祖母绿，将一些未经琢磨的柱状晶体，镶嵌成一条精美奇特的项链，献给莫索的公主芙拉（FURA）。后来，人们就以公主的名字作为这条项链的名字，这里的祖母绿矿也被命名为FURA。FURA这条项链，也就成为祖母绿最具代表性的珍品了。后世的摩斯卡斯人将此项链世代相传，供奉在山中。西班牙殖民者曾经多次想要掠夺它，都被摩斯卡斯人严密地保护了起来。时光流逝，几经辗转，这条项链被哥伦比亚华侨卡兰沙家族得到而保存至今。近400年来，这条美丽晶莹的祖母绿柱状晶体再也没露过面。

祖母绿钻石饰品

祖母绿钻石耳饰

祖母绿的绿代表了春天对大自然的美景和许诺。然而，作为奉献给VENUS女神的礼物，直到今天在南美洲的祖母绿产地，仍然有众多为争夺祖母绿而出现的谋杀和火并。人类在为这翠绿而崇拜讴歌的同时，却又做下了与美截然相悖的许多暴行，这是一个多么不和谐的景象！

祖母绿钻石戒指

但是，无论如何，祖母绿的美与珍贵却是不

容置疑的。在世界各国皇家的收藏品中，祖母绿的数量与地位也能充分说明这一点，仅伊朗王室收藏的祖母绿就有几千块，而且其大小都超过50克拉，这些藏品的价值和意义是非同寻常的。我国清代慈禧太后的殉葬品——金丝被上也有两颗重达80克拉的祖母绿宝石。

长久以来，祖母绿象征着仁慈与信仰，更是尊贵崇高的代名词。祖母绿这个听起来让人肃然起敬的名字有它不凡的价值。

鉴定

从矿物学角度进行分析，祖母绿的成分为Be_3Al_2，是铍-铝的硅酸盐矿物，其绿色通常由铬或钒元素引起，Cr_2O_3含量变在0.15%~0.6%之间，呈六方柱状晶形，硬度为7.5~8，具脆性。解理发达，贝壳状断口，比重为2.67~2.78。除氢氟酸外，对其他的酸均无反应。世界不同产地的祖母绿在物理性质及光学性质上往往有一些微小的变化。

分类

祖母绿最具特征的部分就是那青翠悦目、让人心醉的绿色，因而绿色的好坏自然也就成为评估其价值的第一因素。在国际祖母绿贸易中，祖母绿的分级往往是据其色系、产地进行。

(1) 哥伦比亚祖母绿。哥伦比亚是世界最重要的祖母绿产地，过去一段时间世界市场75%的祖母绿均产自哥伦比亚，其中三个最重要的矿区，即要木佑、契沃尔和TRAPICHE，均位于安第斯山脉中。这些矿区祖母绿的总体特征是呈清澈的纯绿色，部分具有特殊的生长图案（如六条绿臂）。

(2) 俄罗斯或西伯利亚祖母绿。主要产于俄罗斯的乌拉尔山脉，其特征为带黄的绿色，一般有较多的瑕疵，如竹节状包裹物等，颜色较哥伦比亚祖母绿浅。

(3) 巴西祖母绿。主要是产于伟晶岩中的一些翠绿色绿柱石，其颜色呈灰白一深浓绿色，往往也带鲜蓝色调。过去巴西产的祖母绿粒度小，但近十年来也出产了大于5克拉的宝石，产量也增加较快，成了世界上重要的祖母绿产地。与哥伦比亚祖母绿不同的是，巴西产的祖母绿含瑕疵较多。

（4）津巴布韦祖母绿，又称SANDAWANA祖母绿。主要是深绿色的祖母绿，但由于瑕疵多，切磨好的宝石粒度较小。

（5）坦桑尼亚祖母绿。宝石呈带黄的绿色，高质量的可与哥伦比亚祖母绿媲美，但大多数只能做弧面型或雕刻用。

（6）赞比亚祖母绿。它是指一种带深蓝色的祖母绿，颜色稍暗或带灰。

以上的贸易分级只是粗线条的，不同国家的祖母绿的颜色色系有一定差别。决定祖母绿档次的还有颜色的浓淡。最好的颜色是指一种中等深的翠绿色，可稍带蓝色或淡黄色色调，颜色过浅、过深或发灰都会影响价值。颜色相差一级，其价格可相差50%以上。高档祖母绿的大小差异，每克拉的差价会更高。

鉴定注意事项

1. 祖母绿可见二色性

从不同方向观察，宝石呈翠绿色、蓝绿色或黄绿色，而玻璃和YAG均只有一种颜色。天然祖母绿与合成祖母绿的区别则大多数需要在实验室内进行。其特点如下。

（1）天然祖母绿的折光率一般在1.57~1.59之间，而合成祖母绿的折光率往往较低，一般小于1.57，但也有例外的情况。

（2）天然祖母绿的比重较大，一般大于2.7，而熔融法合成的祖母绿，比重只有2.65~2.66左右。要注意的是，水热合成的祖母绿也有比重较高的。

（3）天然祖母绿大多会有瑕疵及三相包裹体，针状、柱状、粒状的结晶矿物包裹体等合成的祖母绿则往往比较干净，水热法合成的祖母绿包裹体，呈“窗纱状”，熔融法合成的祖母绿的包裹体呈面包屑状。

（4）天然祖母绿在紫外线下反应比较迟钝，或呈暗红色，而合成祖母绿则往往发强红色荧光。做此项测试时，一般应与标准样进行对照。但是，在鉴定中常有例外的情况，一般人凭肉眼，甚至10倍放大镜是无法准确区别的，特别是现代科学技术的发展使合成品更加逼近天然品，如水热法合成祖母绿中可出现类似天然包裹物的一些有棱有角的硅铍石“晶体”。因此，顾客在购买高档祖母绿饰品时，最好不要光凭感觉，而要商家同时出具鉴定书。鉴定书的结论中光写“祖母绿”还不行，必须写明“天然祖母绿”。

2. 必须注意区分夹层石、衬箔石及入油石

衬箔祖母绿主要出现在一些底部封镶，即封起宝石底部的首饰中，因为在宝石底部加上一层绿色的箔，从台面看起来，宝石的绿色就会变深、档次提高。因此，凡是底部封镶的饰品，都必须小心留意。入油是祖母绿处理经常使用的方法，因祖母绿性脆，经常会有裂纹瑕疵，在裂纹中注入一些油，裂纹就不那么明显了。祖母绿入油处理中经常用的是香柏树油（折光率为1.575）和加拿大树胶（折光率为1.52）。要检测宝石是否经过油处理，可以用10倍放大镜对一些表面裂隙仔细观察，观察角度不同，入过油的裂隙会产生虹彩或可见一些未入油的空隙；另外，将宝石放在电灯下“烧烤”，入过油祖母绿宝石会有“出污”现象，即油会沿裂隙

祖母绿耳环

向外渗，用柔软的纸拭擦可见油迹（要在10倍放大镜下观察）。在检测是否入油时，还要注意是否同时入过色。如果发现颜色是沿一些裂隙分布的，就说明是不正常的。鉴定的关键是，天然祖母绿绝大多数有瑕疵或包体，买贵重品最好要有注明“天然”的鉴定书。

3. 提防合成（培育）祖母绿

祖母绿的水热法制程，主要是将晶种置入含祖母绿成分的溶液之中，使其缓慢结晶，结晶之后的宝石是纯净无瑕的，而与天然祖母绿的诸多内含物不相熔。因此，仿制者会在制程中加入一些助熔剂，使人造祖母绿在结晶后，能产生状似天然云雾状的内含物。由于助熔剂的种类不同，内含物的形状也各异。

4. 瑕疵

影响祖母绿价格的因素还有瑕疵。祖母绿的瑕疵主要是一些棉絮物、微裂以及一些深颜色的包裹体。在其他品质相同时，有瑕疵的价格相差最高达几倍以上。一般瑕疵相差一级，其价差约25%~45%。

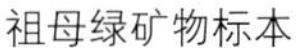
祖母绿矿物标本

祖母绿晶柱

5. 切工

影响祖母绿价格的最后因素是切工。祖母绿一般加工成长方形，这样能充分显示其颜色。如果切磨成其他的形状，往往会有特别的原因，如想避开裂纹或黑色的包体等，因而体格应做相应调整。

选购要诀

(1) 选购祖母绿首饰，颜色的选择是第一位的。中深翠绿色最为名贵，过深或过浅都会影响首饰的价值。

(2) 祖母绿的翠绿是否晶莹，除取决于宝石的颜色外，还和宝石的透明及瑕疵多少有关。通常，中等质量的祖母绿都会或多或少有一些棉絮状的包裹物。只要瑕疵不严重影响宝石的美丽，价钱适宜还是可以考虑的。

(3) 祖母绿易脆裂，因此选购首饰时应检查宝石是否有明显的裂纹，有裂纹会影响宝石的耐用性及价值。

(4) 祖母绿的鉴定难，因而购买时最好要求出具鉴定证书，证明是天然祖母绿，而且未经入色处理。

(5) 对于一般的装饰而言，中等大小或由小颗祖母绿组镶的首饰是合适的，太大祖母绿会很昂贵。

(6) 祖母绿首饰最好有细小钻石伴镶，这样能充分展示祖母绿颜色的美。对于较小颗的祖母绿首饰而言，伴镶钻石的质量对祖母绿首饰的价格有一定的影响。

海蓝宝石

海蓝宝石是颜色为天蓝色至海蓝色或带绿的蓝色的绿柱石，英文名称为Aqua-marinl，源于拉丁语Sea Water（海水）。传说，这种美丽的宝石产于海底，是海水之精华，所以航海家用它祈祷海神保佑航海安全，称其为“福神石”。我国宝石

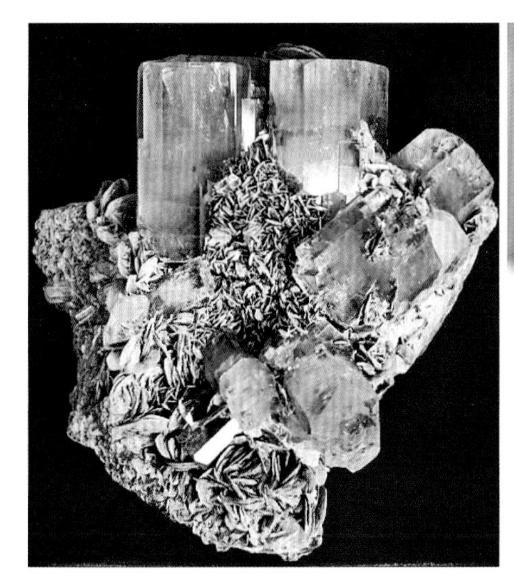

海蓝宝原生晶体

海蓝宝矿石标本

海蓝宝晶柱

界称海蓝宝石为“蓝晶”。

海蓝宝石是很有趣且迷人的宝石，美丽优雅。世界各国的女性们深爱海蓝宝石的主因是其优美的蓝色调可衬托出任何肤色或眼睛的颜色。海蓝宝石长期以来被人们奉为“勇敢者之石”，并被看成幸福和永葆青春的标志。世界上许多国家把海蓝宝石定为“三月诞生石”，象征沉着、勇敢和聪明。

从矿物学角度来讲，海蓝宝石硬度7.5，比重2.68~2.80，折射率1.567~1.590。海蓝宝石的颜色为天蓝色至海蓝色或带绿的蓝色，主要是由于含微量的二价铁离子（Fe^{2+}），以明洁无瑕、浓艳的艳蓝至淡蓝色者为最佳。海蓝宝石属六方晶系。常见的晶体形态为六方柱，其次为六方双锥，集合体多呈柱状产出，玻璃光泽，透明至半透明。其主要产地是巴西。

挑选海蓝宝石时要注重颜色、火光、切工和纯净度，这是鉴赏海蓝宝石的重要因素。透明无色的海蓝宝石，1克拉70元人民币左右就可以买到，浅海水蓝的要220元左右，中度海水蓝是市面上比较受欢迎的，1克拉约660元。深色顶级海蓝宝石1克拉约1700元人民币。而且现在干净透亮、颜色深蓝的最常见大小在10~20克拉之间，20克拉以上的已经很少了，30~50克拉的算是稀有，50克拉以上便是稀奇的宝贝。近些年海蓝宝石的价格也在一路攀升，所以建议大家入手要趁早，5年后海蓝宝石的价格将会比现在贵上好几倍。

摩根石

摩根石的命名是用来纪念美国的银行家J.P.Morgan。摩根毕生的心愿就是能有一种宝石是以他的名字命名的，于是他的好友昆兹博士在1911年发现新的粉红色宝石时便以他的名字命名为Morganite。

摩根石是粉色的绿柱石（Pink Beryl），是祖母绿和海蓝宝石的姻亲，但在中国的知名度不高，在绿柱石家族中有种“处在深闺无人识”之感。摩根石的颜色有橙红和紫红色两种。其因含有锰元素才得以呈现出如此明丽的粉红色。此外，因同时含有铯和铷元素，使摩根石的比重和折射率都高于普通的绿柱石。从不同的角度观察，可发现摩根石呈现出偏向浅粉红和深粉红带微蓝这两种精致微妙的色彩。由于产量稀少且颜色娇艳可人，这种独特的洋红色宝石的价值很高，优质者价格更在普通品质的祖母绿之上，是粉红色宝石中最受年轻人青睐的一种。它比粉刚大很多，但价格仅为粉刚的1/5。

挑选摩根石时，颜色越深越饱和越好，而且要内部干净、火光闪烁。目前，摩根石算是价位低档，适宜收藏者入手。

摩根石原生晶体

金绿玉宝石

金绿宝石的英文名称为Chrysoberyl，源于希腊语的Chrysos（金）和Beryuos（绿宝石），意思是“金色绿宝石”。一般人并不熟悉这种宝石，从名字的字面意义上来看，还会被误认为是玉的一种。金绿玉宝石有绿色、金黄色、黄绿色、咖啡色等等，最受欢迎和追捧的要数金黄色、黄绿色和绿色。

金绿宝石本身是一种氧化物，主要化学成分是氧化铝铍，化学分子式为$BeAl_2O_4$。属斜方晶系，晶体形态常呈短柱状、板状。颜色为棕黄、绿黄、黄绿、黄褐色，透明至不透明，玻璃至油脂光泽。折光率1.746~1.755，双折射率0.008~0.010，二色性明显，色散0.015。硬度8.5，密度3.71~3.75克/立方厘米。贝壳状断口，韧性极好。绿黄色的金绿宝石在短波紫外光下，产生绿黄色荧光。大部分的原石被切割成刻面宝石，以表现其优良的火彩。产地有巴西、斯里兰卡和马达加斯加。

鉴定特征

透明的金绿宝石，呈油亮明艳的强玻璃光泽，颜色为淡褐黄色、淡褐绿色，宝石内部有时可见一些羽毛状气液包裹体。外观与黄色蓝宝石和黄褐色钙铝榴石有些相似。除光泽明亮、透明，呈淡褐黄色、淡褐绿色的颜色外，没有明显的识别特征，肉眼不容易鉴定，只有借助折光仪精确测定折光率来加以区别。

目前的市场价格不高，但由于它具备所有高档宝石的优点，且颜色特别，所以不排除假以时日，当人们对它有所了解后，该宝石价格上涨的可能。

金绿玉猫眼

多多少少，“猫眼石”这三个字您应该不陌生，宝石形成猫眼现象是因为其内部含有很多细长而且平行排列的纤维内含物，在光线之下形成如猫眼睛一般的一条或粗或细的光线，随着光源的方向漂移，如同猫眼睛一开一合的眼波流转。人们便将这种特殊的宝石现象称为猫眼。很多宝石都会出现猫眼现象，如碧玺猫眼、水晶猫眼、透辉石猫眼等，而金绿猫眼产量稀少，坚固耐久，可视为猫眼中的“猫王”。它以其丝状光泽和锐利的眼线而成为自然界中最美丽的宝石之一，灵活美观而显得特别珍贵，是高贵的宝石。

在东南亚一带，猫眼石常被认为是好运气的象征，人们相信它会保护主人健

金绿玉猫眼摆件

康长寿，免于贫困。猫眼石常被人们称为高贵的宝石，它和变石一起属于世界五大珍贵高档宝石之一。

猫眼石主要产于气成热液型矿床和伟晶岩岩脉中。世界上最著名的猫眼石产地为斯里兰卡西南部的特拉纳布拉和高尔等地，巴西和俄罗斯等国也发现有猫眼石，但是非常稀少。5克拉以上的金绿猫眼每克拉售价可达2万~4万元人民币，价格相当可观，是其他猫眼宝石不能相比的。

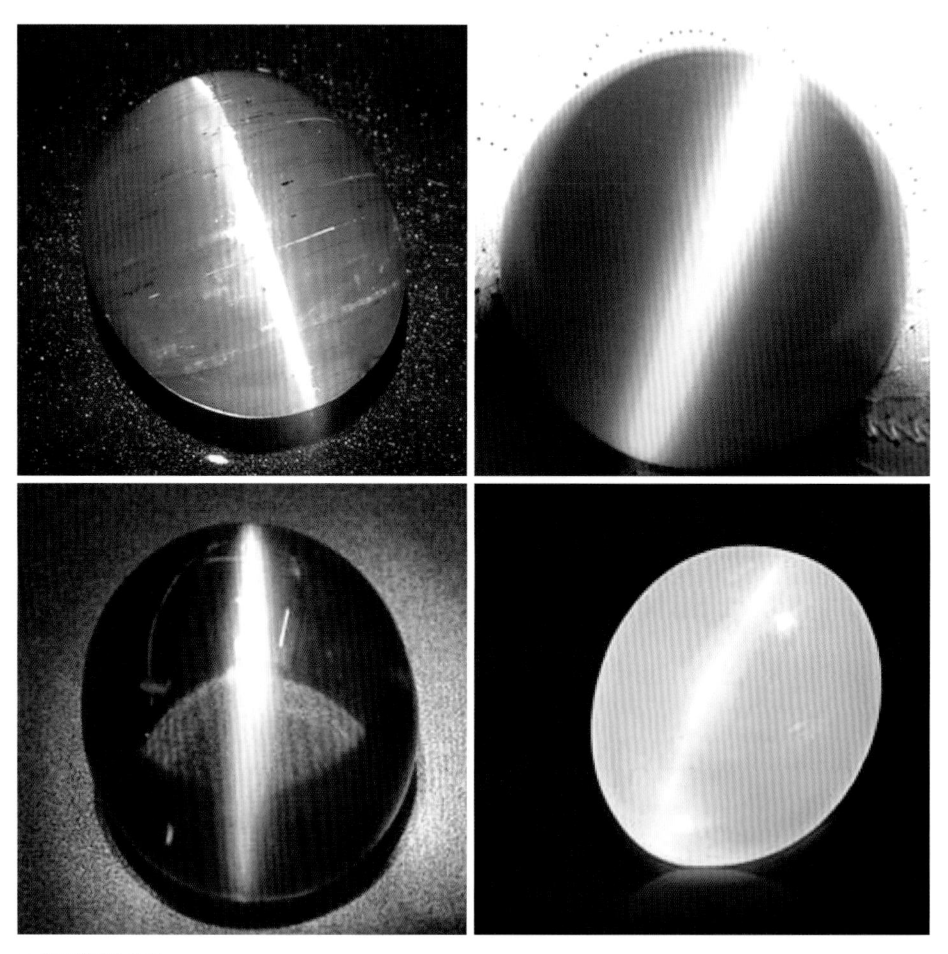

金绿玉猫眼戒面

挑选金绿猫眼石时，首先观察其颜色，普遍认为蜂蜜牛奶色和褐色系列是比较好的，也最受欢迎。其次看猫眼的线，不能断，要正要活。“正”是说在灯光下，猫眼线正好在宝石正中间，“活”是指在光源远近调整时，猫眼线会跟着开合自如。有一种产自斯里兰卡的“金线金绿玉猫眼”是猫眼中的极品，甚至在当地被称为“狮眼”，售价比一般金绿猫眼贵30%以上。第三就是杂质越少、透明度越高、没有裂纹的金绿玉猫眼价格和收藏价值就越高，尤其是透明度，不透明的金绿猫眼价值比较低廉，1克拉左右的只要200元人民币左右。

亚历山大石

亚历山大石是含铬、具有变色效应的金绿宝石变种，又称为变石。它在阳光下呈绿色，在白炽灯或烛光下呈红色。其他特征与透明的金绿宝石和猫眼石类似。它的名称源于俄国沙皇二世亚历山大在他21岁生日那天戴着镶有变石的皇冠出席典礼，并以自己的名字将变石命名为亚历山大石。

碧玺

碧玺的英文名称是Tourmaline，是从古僧伽罗（锡兰）语Turmali一词衍生而来的，意思为“颜色混合的宝石”。传说，在西元1703年，荷兰的阿姆斯特丹有几个小孩玩着荷兰航海者带回的石头，并且发现这些石头除了在阳光底下出现奇异色彩外，更惊讶这些石头有一种能吸引或排斥轻物体如灰尘或草屑的力量，因此，荷兰人把它叫做吸灰石。直到西元1768年，瑞典著名科学家林内斯发现碧玺还具有压电性和热电性，这就是电气石名称的由来。一直到现在，碧玺还常在科学上被用于发光强度与压力变化的测定，在二次大战初，是唯一可以判定核爆压力的物质，现在，则被广泛运用于光学产业。

在中国，“碧玺”这个词最早出现于清代典籍《石雅》之中：“碧亚么之名，中国载籍，未详所自出。清会典图云：妃嫔顶用碧亚么。滇海虞衡志称：碧霞碧一曰碧霞玭，一曰碧洗；玉纪又做碧霞希。今世人但称碧亚，或作璧碧，然已无问其名之所由来者，惟为异域方言，则无疑耳。”而在之后的历史文献中也可找到称为“砒硒”、“碧玺”、“碧霞希”、“碎邪金”等称呼。传说，碧玺也是慈禧太后的最爱，据历史记载，清朝慈禧太后的殉葬品中，有一朵用碧玺雕琢而成的莲花，重量为36两8钱（约5092克）以及西瓜碧玺做成的枕头，当时的价值为75万两白银。

碧玺在日本也一直很受欢迎，常常被制成吊坠，宣称可以防电磁波。用在泡脚，可以促进新陈代谢与血液循环。

碧玺之所以流行，是因为它有五彩缤纷的颜色，红、黄、紫、蓝、灰、橘红到桃红色，光是红色系就有五种以上不同深浅的色泽，深受国际珠宝品牌、名媛社交场所和珠宝设计师们的青睐。还有另一个原因使得碧玺倍得推崇，那就是它的价位低廉。其颜色鲜艳均匀程度仅次于红蓝宝石，火光接近于红宝石，可价位却比红蓝宝石便宜许多，是初入门级的买家们的最好选择。

电气石原生晶体

专业分析

碧玺在地质学上称电气石，成分为环状硅酸盐矿物。属六方晶系，硬度在7~7.5之间，比重因所含元素不同在3.0~3.25之间，折射率为1.624~1.644。无解理，贝壳状断口。按成分可分三个系列，即锂电气石、镁电气石和铁电气石系列。前两个系列常出现宝石品种，而后者因色黑，基本不能作宝石。常含有红色、绿色者，常含不规则的线状气液包体，或单独出现或交织成松散的网状，尤其是绿色碧玺，可包含稠密的平行直条状纤维体或空细管，可显猫眼效应。

碧玺双簇晶体

若遇强热熔化，温度骤变会破裂。不受酸碱侵蚀。

分类

碧玺的成分复杂，颜色也复杂多变。现在国际珠宝界基本上按颜色对碧玺划分商业品种。

原生碧玺晶体

1. 红色碧玺

也称红宝碧玺，因为颜色很接近红宝石，所以红色碧玺是碧玺中价值最高的。其中以紫红色和玫瑰红色最佳，在中国也有“孩儿面”的叫法。但自然界以棕褐、褐红、深红色等较多，色调变化较大。红宝碧玺以巴西产的最为有名，最近几年以莫桑比克出产的最多。大约在清朝时期流传入中国，多用在一品或二品官员的朝服帽饰之中。

2. 铬绿碧玺

铬绿碧玺因为含有铬元素所以产生鲜艳的翠绿色，十分艳美。其主要产地在巴西，大多在切割后呈长柱状。价格方面，10克拉以下的每克拉约人民币550元左右，10~20克拉大小的在市场上算是主流型号，每克拉约780元，30克拉以上的就相当稀有了，每克拉在1.1万元上下。

3. 绿色碧玺

绿碧玺的绿可以从浅绿到深绿、黄绿到棕绿、暗绿。大部分出产自巴西，有的颜色可能灰暗或很深，只有透过光才看得出宝石的绿色。深绿色者因其很强的二色性，在光轴方向几乎不透明，但经热处理可改善。最好的是翠绿色，在欧洲

红碧玺戒指　　铬绿碧玺戒指

和巴西曾被误认为祖母绿，可见其名贵程度，目前只在巴西和马达加斯加有产出。对于买不起祖母绿的消费者来说，浅黄绿色的碧玺也是不错的选择。一般10克拉以下的绿碧玺每克拉仅需350元人民币左右。

4. 蓝色碧玺

蓝色系列的碧玺从浅蓝到深蓝色皆有，但纯蓝色稀有。如高级海蓝宝石那样的浅蓝色比较热门，颜色越饱和的越珍贵。蓝碧玺很少超过10克拉，市场行情也有变动，大致每克拉880元左右。

5. 黄和橙色碧玺

纯黄或橙色者很难见到。不同深浅的黄棕或棕黄色碧玺很受欢迎，像雪利黄玉和金色绿柱石。其颜色可以深到带点咖啡色。但如果颜色很深，光泽差者几乎没销路。矿物学家有时把棕色碧玺叫镁碧玺。市面上以1~10克拉大小的最为常见，每克拉约330元人民币。

6. 无色或白色碧玺

有时称白碧玺（achroite，希腊文“白的”的意思）。在宝石上几乎没什么用，除非具猫眼效应。

7. 黑色碧玺

含铁量较多的电气石会呈黑色，一般人不太喜欢，因此大部分会拿去做成标本，矿物学家叫它黑碧玺。黑色是一个很强大的色彩，然而国外较喜欢未经琢磨的黑碧玺。

8. 猫眼碧玺或碧玺猫眼石

有的碧玺中有很多细缝或针状包裹体，只要沿着电气石垂直轴切成弧面型，可见猫眼效应。碧玺猫眼常见的有红色和绿色两种，高品质的碧玺猫眼不多，大多为不透明的。消费者在挑选时要找猫眼线较细，转动时灵活且线不会断开、不会歪斜的为佳。其他颜色的有猫眼效应的少。1克拉售价大约300元人民币。

8. 碧玺变石

碧玺变石在日光浴钨丝灯的不同光源下会产生不同的颜色。这是因为阳光与钨丝灯会吸收不同的波长的光线。太阳光下呈蓝色或绿色，在钨丝灯下则变成红色。此碧玺十分稀少，多为宝石收藏家所有。

10. 双色碧玺

顾名思义，就是电气石内有两种颜色，通常一端为红色，另一端为绿色，也有一端黄一端绿的。非洲的莫桑比克地区在1995年后出产了不少双色碧玺，价格也是高得惊人，颜色分明的1克拉都要2000元人民币左右，如果是顶级的而且超过100克拉的，恐怕每克拉的售价要在200万元人民币以上。

11. 西瓜碧玺

一个晶体上有两种或两种以上的颜色，或上下不同，或内外有别，叫“西瓜碧玺”。石如其名，西瓜碧玺好像一颗西瓜，外面是绿的而里面是红的。相传慈禧

西瓜碧玺牌

西瓜碧玺吊牌

太后的陪葬物中就有许多西瓜碧玺。干净且漂亮的西瓜碧玺比较稀少，大小通常在10克拉以下，每克拉330元左右。

慧眼识碧玺

1. *颜色*

国际市场上，一般鲜红色、鲜蓝色的碧玺价格最高，红绿双色和玫瑰红色、翠绿色的碧玺也非常受欢迎，价格较高。在选择镶嵌碧玺首饰中，颜色均匀艳丽为好；在项链和手链中，则以颜色丰富为佳，每粒珠子的颜色可以不同，搭配出红、黄、蓝、绿、紫等多种色彩；较有价值的是在同一碧玺上有两种或多种颜色出现，即双色碧玺或多色碧玺，以及内红外绿的西瓜碧玺也较为珍贵；另外，碧玺猫眼属于碧玺中的上品。

2. *净度*

碧玺性质比较脆，容易产生裂隙，同时内部会含有大量包裹体，大量的裂隙和包裹体的存在，会影响碧玺的透明度、颜色和火彩，而内部十分纯净的碧玺也比较难得，属于上品。在挑选时，尽量挑选内部干净的。碧玺要求晶莹剔透，越透明质量越好，不要有明显雾感或不透明，透明度越高价格越高。

一些碧玺的挂件、珠串和雕刻件，由于其内部冰裂纹多，通透性差，商家会通过注胶处理手段提高它的通透度，遮掩一些裂纹和杂质。优质的碧玺根本不会用注胶处理的，所以一般不要担心高档的碧玺有注胶处理现象，倒是价格较低的碧玺才有可能会注胶处理。

3. *切工*

碧玺的切工是指它的切磨比率的精确性和修饰完工后的完美性。碧玺的形状设计，首先要根据原石的解理、品质、重量，应最大限度地保持原石的重量，以最好状态来解剖原石结构；而且要保证碧玺切割后色彩的还原，呈现出最漂亮的颜色，再用最优方法去处理原石瑕疵，从而设计出最佳的碧玺形状。比如，一些

多色碧玺戒指

多色碧玺吊坠

碧玺晶柱

有猫眼效果的碧玺，如何使其充分地显现出它的特殊效果是非常重要的。好的切工应尽可能地体现碧玺的亮度和火彩。

4. 克拉

碧玺重量以克拉计算。在其他条件近似的情况下，随着碧玺重量的增大，其价值呈几何级数增长；重量相同的碧玺，会因色泽、净度、切工的不同而价值相差甚远。

什么是帕拉依巴

1989年，一支由Heitor Barbosa率领的宝石探勘团队，于巴西东北方之帕拉依巴省发现了一种具有鲜艳土耳其石蓝的碧玺。这种宝石的鲜艳蓝绿色闪耀出电光石火般的霓光，立刻引起了当时宝石界的轰动。

2000年，宝石探勘团队亦相继于莫桑比克、尼日利亚发现帕拉依巴碧玺的新矿脉。

这些发现，使宝石界最具名望的LMHC（Laboratory Manual Harmonization Committee）于2007年宣布将这种从巴西、莫桑比克及尼日利亚开采出来的含铜碧玺，定名为帕拉依巴碧玺。换句话说，依照科学鉴定观点，只要成分内含有一定之铜元素，即为帕拉依巴碧玺，并不限于巴西帕拉依巴省出产的碧玺才可称为帕拉依巴碧玺。而持产地主义观点的宝石商及收藏者，则仍视巴西帕拉依巴地区所出产之含铜锰电气石为唯一可被称为帕拉依巴的电气石。

帕拉依巴碧玺因其产量异常稀少，色泽非常独特，闪烁通透，独具荧光效果等迷人特征被尊为碧玺之王。即使在2000年莫桑比克和尼日利亚发现新矿脉以后，帕拉依巴碧玺的产量也仅约为天然钻石全球年产量的1‰，而其中最具价值的土耳其蓝色帕拉依巴碧玺更是罕有。

帕拉依巴碧玺的颜色主要为绿色到蓝色的各种色调，绿色品种深至近似祖母绿色，但更为稀有的是亮蓝色品种，呈现明亮的土耳其蓝，色泽相当独特，令人心醉，最纯正的品种显示出非常独特的“霓虹蓝”色，是碧玺系列中最稀有最珍贵的品种，非常罕见。

碧玺的投资与收藏

在目前我国经济稳定发展的前提下，碧玺的价格暂时还不会大幅下跌，如果消费者遇到10克拉以上的红碧玺，每克拉价格在400元以下，经过鉴定便可以及时入手；翠绿色的碧玺要在每克拉260元以下，双色碧玺在480元以下，都可以看准时机买进。如果作为收藏，建议大家选购重量大、内部干净无瑕疵包体的为好。10~20克拉是最多人群选择的对象，收藏级则要在30克拉以上。颜色方面，大家可以依照自己的喜好，帕拉依巴、红宝碧玺、双色碧玺、铬绿碧玺都是不错的选择。

碧玺手链

水晶

人类将水晶作为宝石和装饰物由来已久。2.8万年前的山西峙峪遗址，就出土过一件水晶制作的小石刀和一件由一面穿孔而成的石器装饰品；距今6000年的河南新郑沙窝里石器遗址中，发现有水晶刮削器和水晶饰品。经过数千年的演变，到了春秋战国时期，水晶制品渐多，而且多为信物和吉祥物，用于朝觐、盟约、婚葬、祭祀等。湖南古丈白鹤湾出土水晶环，陕西凤翔西村出土过水晶环，四川新都县出土过水晶球，河北邯郸出土过29颗水晶球，山西长子羊圈沟牛家坡出土两枚水晶环；到了汉代，出现了水晶制作的璧、环、玦等。汉武帝把雕刻的水晶盘赐给宠臣董偃。宋代有了水晶茶盅。元朝已开始设专门机构采集水晶及制作器皿。到了清朝，则把水晶制成印章、缀穿成朝珠，还作为朝服、乌纱上的标志，用以显示帝王将相的威仪、官场的权势，等等。

西方人深信水晶中有神灵，吉普赛人用水晶球占卜未来。在工业上，水晶可以用来制作眼镜镜片、放大镜、显微镜、照相机镜头，等等。

时至今日，人们将水晶晶簇作为摆件装饰，制作成各式各样的水晶戒面、耳环、吊坠等。人们对于水晶的喜爱程度在近20年来神奇般的激增，尤其是近几年出现的具有包裹体的水晶，如水胆、绿泥石、电气石、黄铁矿等，受到人们的追捧。另外具有特殊外形的，如骨干、权杖、双头尖、日本律双晶等，也成为收藏爱好者们的最爱。

矿物特性

水晶（Crystal）是一种大型石英结晶体矿物，主要化学成分是SiO_2。国际上以Rockcrystal来特指天然水晶，别名晶石或水玉。当水晶受到压力时会产生电流，通上电后会产生震荡，这便是石英表和石英钟用水晶当原石的原理。适应的结晶外形通常呈六边柱状，两端呈尖状，柱面具有平行的生长纹理。晶体一般为无色、乳白色，含伴生矿物离子时呈灰色、紫色、红色、烟色、茶色、黄色等，少数有蓝色、绿色。部分含有包裹伴生石方解石、云母、火山泥、碧玺等。当二氧化硅结晶完美时就是水晶；结晶不完美的就是石英。二氧化硅胶化脱水后就是玛瑙；二氧化硅含水的胶体凝固后就成为蛋白石；二氧化硅晶粒小于几微米时，就组成玉髓、燧石、次生石英岩。

化学成分：二氧化硅，化学成分中含Si—46.7%，O—53.3%。由于含有不同的

水晶晶体

混入物而呈现多种颜色。紫色和绿色是由铁（Fe^{2+}）离子致色，紫色也可由钛（Ti^{4+}）所致，其他颜色由色心所致色。

结构形态：结晶完美的水晶晶体属三方晶系，常呈六棱柱状，柱体为一头尖或两头尖，多条长柱体连接成一块，通称晶簇，美丽而壮观。二氧化硅结晶不完整，形状可谓是千姿百态。

水晶比重：2.56~2.66克/立方厘米。这意味着一定体积水晶的重量，是相同体积水的重量的2.56~2.66倍。块状变种水晶密度可能稍高些。

水晶的硬度：硬度7，为摩氏硬度，相当于钢锉一般坚硬。

透明标准：水晶透明度与透过它的光的质与量有关。光线透明过厚度为1厘米以上的水晶碎片或薄片时，可以清晰地看到映出的图像。如果底像不够清楚，仅见轮廓，那便是半透明。

水晶光泽：玻璃光泽。无论在抛光面上还是在破口都是如此。光泽，指宝石表面对光线反射的一种光学性质。水晶既不像星光蓝宝石和星光宝石那样反射出绮丽的星光形条纹，又不像月光石那样发出淡蓝色波形光彩，更不像欧泊石那样五颜六色。观察水晶的光泽，可以灯光或窗户投进来的光线看表面反射，透明水晶亮度与光泽强弱有关。

解理：水晶属于无解理，具贝壳状断口。

熔点：水晶熔点为1713℃。其受热易碎的特性，是在实验时发现的。将水晶放在喷焰器的烈焰燃烤，除非有很好的保护，且慢慢冷却，否则晶体容易碎裂。

水晶折射率：1.544~1.553，几乎不超出此范围。

水晶色散：0.013。色散是说宝石的折射率随照明光的不同而有一定的变化。例如，钻石对红光折射为2.405，对绿光为2.427，对紫光为2.449。

水晶分类

通常，可以将水晶分成肉眼可见结晶颗粒的粗晶石英（Coarsely Crystal）和通过显微镜才可见结晶颗粒的微晶石英（Microcrystal）。粗晶石英有白水晶、紫水晶、黄水晶、烟水晶、粉红石英、砂金石等；微晶石英有玛瑙、玉髓、虎眼石、碧玉、矽化木以及燧石。

1. 粗晶石英

（1）白水晶。白水晶是大家通常最常见到的，属有结晶的石英，可以单独生长，不过一般成簇生长，还会与其他矿物共生。若两个结晶生长在一起则称为双晶。双晶也分为两类：贯入双晶和接触双晶，后者是两个晶体在形成过程中晶面接触而相互联结。如果晶体有两个生长尖端，则被称为钻石水晶。

（2）烟水晶。呈现出如烟气一般棕黑色的烟水晶通常是由放射性元素造成的，

白水晶吊坠

原产地为韩国、俄罗斯、巴西、马达加斯加等。因经过放射性元素照射，水晶内部原子结构发生了变化，变得不透明了。现在市面上的烟水晶大多是由透明水晶经原子炉强力放射线照射而成的。

（3）蔷薇石英。有时也被称为粉晶，致色元素是钛，若有结晶面则被称为玫瑰水晶。不少的蔷薇石英产自美国的伟晶花岗岩中，蔷薇石英通常被磨成圆球或是心形，以赠送爱人，象征爱情至死不渝。

（4）紫水晶。紫水晶主要产自巴西、马达加斯加、乌拉圭等地，紫色生来高贵，赏心悦目。其颜色呈紫色主要是因为含有铁离子。值得一提的是，产于赞比亚的紫水晶，紫中带蓝，实属极品。

紫水晶通常有菱面形的间断而没有柱面，而紫色通常分布在尖端为止，呈色带分布。紫水晶在承受高温时颜色会改变，市面上大多数的黄水晶都是由紫水晶加热变色而来的。

紫晶吊坠

紫晶洞内部细节

(5) 砂金石。砂金石是水晶中含有大量的绿色或棕红色的云母或赤铁矿。市面上充斥着一种由玻璃夹红色铜片制成的假砂金石，但只要在放大镜下观察，真假一辨便出。

(6) 黄水晶。因含有铁元素所以呈现黄色，主产于巴西、马达加斯加、俄罗

黄水晶饰品

斯、美国、西班牙，还有一种来自玻利维亚的半黄半紫的紫黄水晶。深色黄水晶有多色性，但经加热变色而成的黄水晶则不会有多色性。进过加热处理的黄水晶一般也会带点红色，纯天然的黄水晶则呈淡黄色。

2. 微晶石英

（1）石髓。石髓是隐晶质石英的变种。它以乳房状或钟乳状产出，常呈钟乳状、葡萄状等，形成于低温和低压条件下，出现在喷出岩的空洞、热液脉、温泉沉积物、碎屑沉积物及风化壳中。有的玉髓结核内会含有水和气泡，非常有趣。有透明的也有不透明的，含铜呈蓝色的石髓称为蓝玉髓，日本人相当喜欢。但是有的蓝玉髓容易脱水失色，保存时可浸泡在水里，防止脱水产生裂缝。蓝玉髓多产于美国和印尼。除了蓝玉髓，还有呈棕红色的红玉髓，以印度产的最有名。因含有镍而呈苹果绿的绿玉髓多产自澳大利亚，许多业者用其充当翡翠，美其名曰“澳洲玉”。

（2）虎眼石，或称虎睛石，是一种具有猫眼效果的宝石，多呈黄棕色，宝石内带有仿丝质的光纹。它是隐晶石英因二氧化矽取代了内部纤维状的石棉但保留了纤维状的构造形成的，蓝色的虎眼石也被称为鹰眼石，主产地是南非。

（3）矽化木。通常被称为木化石，因地壳变动，几百万年前的树木被深埋地下，地下水中的二氧化矽产生置换作用而形成。简单说来就是树木的化石，有些还具有清晰的年轮。

水晶真真假假

常见的水晶有天然水晶、人工改色水晶、人工合成水晶。由于天然水晶的市场需求量逐渐增大，因此人工改色水晶和合成水晶也多了起来。

天然水晶是在自然条件下形成的，生长在地壳深处，通常都要经历火山和地震等剧烈的地壳运动才能形成。天然水晶属于矿产资源，非常稀有和珍贵，属于宝石之一。合成水晶是一种也叫再生水晶的单晶体，亦称合成水晶、压电水晶。

再生水晶是采用水热结晶法“模仿天然水晶的生长过程”，把天然硅矿石和一些化学物质放在高压釜内，经过1~3个月时间（对不同晶体而言）逐渐培养而成。它在化学成分、分子结构、光学性能、机械、电气性质方面与天然水晶完全相同，而双折射及偏振性等方面，再生水晶比天然水晶更纯净，色泽性更好，经过加工（割、磨、抛）后得到各种形状的颗粒晶莹透亮，光彩夺目，并且耐磨、耐腐蚀。

市场上有很多人把熔炼水晶也叫做合成水晶，那是不准确的。熔炼水晶一般都是以水晶废料为原料在高温高压下熔炼出来的，而不是结晶成的，不具备水晶的晶体特性，所以不能把熔炼水晶与合成水晶混为一谈。但是，熔炼水晶耐高温，用优质二氧化硅熔炼成的熔炼水晶可以做成实用产品，比如水晶杯、烤盘、茶具等，一代伟人毛泽东主席的水晶棺就是选用东海优质水晶熔炼而成的。

还有人把K9玻璃也叫做合成水晶，那就更不对了。K9玻璃虽然有用二氧化硅为主要原料熔炼而成的，但是熔炼过程中加进了24%的铅，实际上就是铅玻璃。为什么要加铅呢？一般玻璃发蓝或者发绿，看起来不像水晶，但是加铅之后玻璃的白度很高，看起来非常像水晶，尤其含24%的K9玻璃最像水晶，所以称K9玻璃为仿水晶比较恰当。

一般来说，天然无色水晶晶莹透明，晶体内含气液包体，气泡内壁不平整，光泽柔和，但是纯净度一般，并非洁净无暇。而天然紫水晶大多颜色不均匀，呈不规则片状分布，同样含有气液包体。合成的水晶在晶体中心有片状晶核，硬度和密度较天然水晶小。当消费者看到透明无瑕的水晶时，就要注意是否为熔炼而成的。

评价标准

水晶的评价标准和高端宝石有所不同。多数高端宝石把颜色放在评价的第一位，而对水晶来说，颜色和净度（水晶行业称做晶体）是同等重要的因素。

1. 颜色

对任何宝石来说，颜色都是非常重要的，水晶也不例外。如果水晶晶体是有颜色的，如粉水晶、黄水晶、紫水晶等，其颜色评价的最高标准则是明艳动人，不带有灰色、黑色、褐色等其他色调。如粉水晶，颜色以粉红为佳；紫水晶，要求颜色为鲜紫，纯净不发黑；黄水晶，要求颜色不含绿色、柠檬色调，以金橘色为佳。对于发晶来说，晶体的颜色也是很重要的。相同发丝的金发晶，晶体完全无色（白水晶）和晶体略偏茶色，肉眼的视觉观感也是有差别的，所以前者的价格会高于后者。

2. 净度

水晶对净度的要求与高档宝石有很大不同。高档宝石稀少罕见，所以一般人们普遍对高档宝石的净度不会过于苛求。而水晶的产量着实大得惊人，所以通常人们会要求水晶净度越高越好，尽量避免有较明显的内含物的水晶。

3. 杂质

如果水晶内部杂质中有传说中人物的造型，如佛、星座、生肖等，价值可能要高于同等颜色和净度的水晶。

市场现状

在各种各样的水晶中，一直处在消费者心尖上的是粉晶、紫水晶和黄水晶。许多人相信粉晶可以招桃花运，紫晶可提升智慧，黄水晶可增加运势，所以这三类是在水晶中价位偏高的。挑选粉晶时要挑颜色粉红、内部瑕疵少的，每克拉约人民币40元不等，若内部带有点星光，则每克拉60元左右。选购紫晶时要着重看颜色的均匀度，颜色越均匀、越浓厚、无杂质，则价格越高。从产地来看，乌拉圭的紫晶最高，巴西次之。其价位大致在每克拉60元人民币上下，一条天然紫晶手链要660元人民币左右。

紫晶洞也相当流行，人们相信紫晶洞可改善人的磁场，聚好运，挑选时要注意颜色与结晶大小，通常以千克为计价单位，产自巴西的水晶洞每千克要440元人民币以上，乌拉圭的上等深紫紫晶洞每千克在660元人民币以上。黄水晶也有颜色深浅之分，经过了热处理的价格比天然的要低一些，天然的售价每克拉在30~66元左右。黄晶洞近年也受到了关注，但大多都是经紫晶洞变色而来，每千克约合人民币265元左右。

另外，晶体内部含有针铁矿、赤铁矿、金红石、磁铁矿、石榴石、绿泥石等包裹体的水晶也成为热销产品。因内含金红石而出现如头发般的针状物发晶，以及晶柱内含有绿泥石而呈现出有如绿色幻影或假山图像的绿幽灵水晶也成了新宠，便宜的几百元至一千元就可买到。

发晶项链

欧泊

“欧泊”名字取自梵文Upal（宝石）和拉丁文Opalus（宝石）的集成。欧泊的传说多姿多彩，人们将它比喻为“集红宝石的火红，紫水晶的亮紫和绿宝石的艳丽为一体，再将所有的色彩一同迸发出来”。

莎士比亚曾在《第十二夜》中写道:“这种奇迹是宝石的皇后。”在《马耳他（Marlowe）的珍宝》中珍宝的目录是这样开始的:“袋状火焰欧泊石，蓝宝石和紫水晶；红锆石、黄玉和草绿色绿宝石……”艺术家杜拜（Du Ble）写出了富有诗意的描述:“当自然点缀完花朵，给彩虹着上色，把小鸟的羽毛染好的时候，她把从调色板上扫下来的颜料浇铸在欧泊石里了。”到19世纪，有关欧泊石的迷信开始了，就在同时，沃尔特·斯哥特先生写了一部名叫《盖也斯顿（Geierstein）的安妮》的小说，在这本书里，女主人公有一块能反映她的每种情绪的欧泊石，当她愤怒时欧泊石就闪烁着火红色，并且在她死后立即“燃烧成苍白的灰色”。

在欧洲，欧泊石早在罗马帝国时代就为人所知，而且价值极高。据普林尼记载，元老院的元老诺尼有一块非常漂亮的欧泊，他非常喜爱，当时的统治者安东尼让他献出来，否则将流放他。结果诺尼宁可选择去流放也不肯把欧泊献给安东尼。是什么促使人们在这样的条件下去寻找欧泊石呢？为什么很多人认为欧泊石是所有宝石中最漂亮和最有吸引力的呢?答案在于它的美丽是独一无二。好的欧泊石产生火焰般闪烁的外表，这样的外表只在极少数的物质中发现过，而在其他宝石中则没有发现过。这种由光的衍射造成的火焰般显现的现象，被称为变彩。这是欧泊石的鉴定特征，也是它作为宝石的主要魅力所在。就像各种颜色在一起玩捉迷藏的游戏。英文称其为play of colour，就是专门用来形容欧泊石变幻色彩的词组。

欧泊石的成分与水晶一样，同属二氧化硅系矿物，化学式是$SiO_2 \cdot nH_2O$，由直径0.15~0.30mm的二氧化矽小球体紧密堆积而成，形成一系列致密的反光“栅栏”，至光线产生绕射，形成各种颜色的光谱色彩。结晶状态为非晶质体，可出现各种

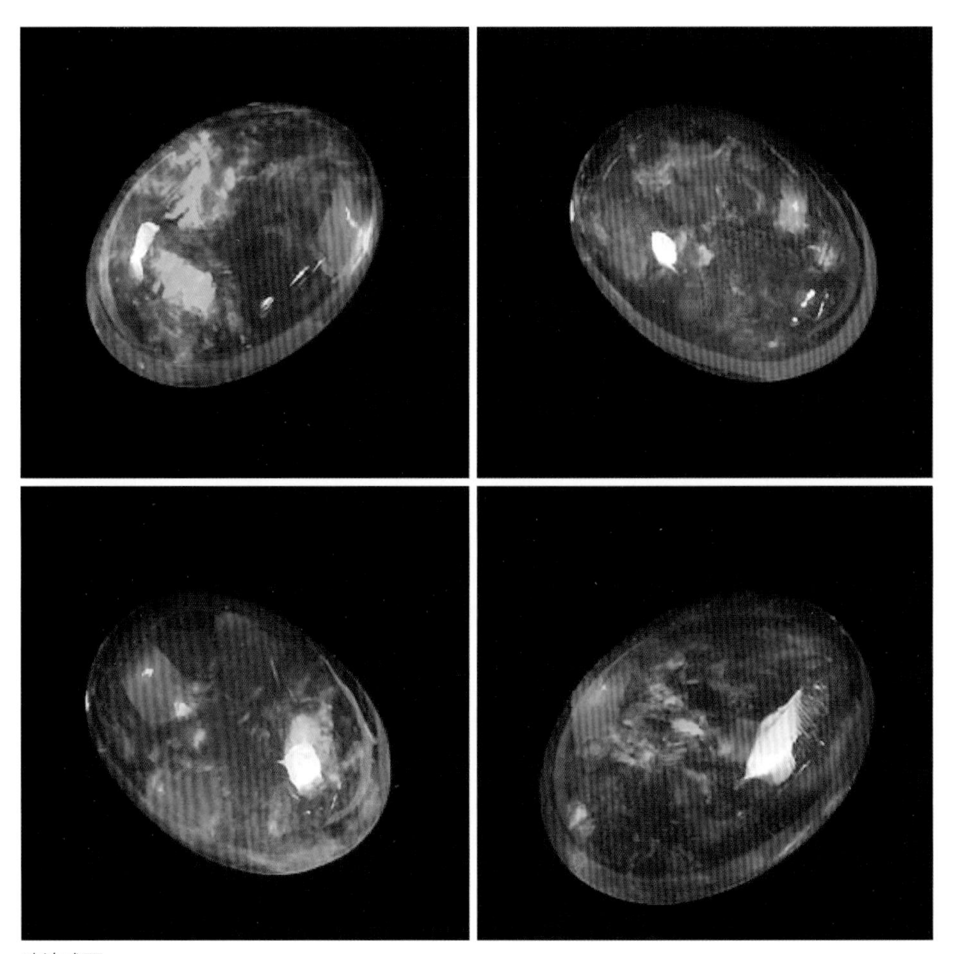

欧泊戒面

体色，白色体色可称为白蛋白，黑、深灰、蓝、绿、棕色体色可称为黑蛋白，橙、橙红、红色体色可称为火蛋白。玻璃至树脂光泽，无解理，摩氏硬度5~6，密度为2.15。具有均体质旋光性特征。折射率1.450，具有磷旋光性特殊性质和特殊的光学效应——变彩效应以及猫眼效应（稀少）。

质量评价

评估欧泊的价值时应重点考虑下列因素。

（1）体色：体色以黑色或深色为佳，这样可以有较大的反差，衬托出艳丽的变彩。

（2）变彩：整个欧泊应变彩均匀，没有无色的死角，且变彩中颜色应齐全，即出现整个可见光光谱中的所有颜色（红、橙、黄、绿、蓝等）。色斑分布均匀，色斑愈大愈好。片状、丝状、点状搭配适宜。

（3）具有一定的透明度，质地致密、坚硬，无裂纹及其他缺陷。

以上只是总体原则，不同地区和国家的人们对欧泊的色调有不同的偏爱。如美国人大多数喜欢火欧泊，因为它色调强烈，有很强的动感，符合西方人冲破束缚的心理。蓝、绿色的欧泊给人一种宁静的感觉，这对高度紧张和繁忙的日本人来说是一种调剂与享受，而韩国人深受日本人的影响，因而也偏爱此类欧泊。但中国人一向喜欢暖色调，认为红色是喜庆的色调。值得一提的是，目前市场上所见的欧泊多为拼合石，即在白欧泊的底部衬上一层黑胶或黑玛瑙片，上部再贴一层玻璃或水晶，其中欧泊只是薄薄的一片。评价时应充分考虑。

欧泊的种类

通常见到的欧泊分为黑欧泊和白欧泊，以澳洲所产的最为著名，之中黑底且表面带有七彩的最佳，而白欧泊是白底，上面颜色越丰富越优。还有一种常见的被称为墨西哥火欧泊，以橘色系为主，表面有七彩光芒。另有白色带点透明为底，带有七彩色。

我们通常将天然欧泊分为两大类:普莱修斯欧泊和普通欧泊。普莱修斯欧泊色泽明亮、能呈现出充分的变色游戏，比较稀有和珍贵。色泽暗淡、不能呈现变色游戏的称为普通欧泊，普通欧泊在世界各地都有发现和少量出产。在欧泊矿区开采出来的欧泊中，95%都是普通欧泊，通常只有白、灰或者黑某一种颜色。它们只适合做“德博莱欧泊”和“翠博莱欧泊”的背景衬石。剩下的5%中有一些色彩的等级欧泊，不过其中的95%也只有普通的等级。也就是说，开采量中只有大约0.25%才可以称做真正有价值的欧泊。普莱修斯欧泊被定义为会变色游戏的硅蛋白石。澳大利亚出产的欧泊有时也被称为“沉积的宝石”，是因为它主要形成和出产于中生代大自流井盆地中的沉积岩中。

多色欧泊

加工或合成欧泊

1. 合成欧泊

在实验室里制作的和天然欧泊具有同样结构的硅蛋白石被称为合成欧泊。比较知名的合成欧泊品牌是吉尔森欧泊。下面的几点是天然欧泊和合成欧泊之间的区别。

(1) 合成欧泊通常显现异常明亮的色彩，色块常常大于天然欧泊。

(2) 合成欧泊每种颜色的色块呈现出规则的蛇皮状图案。

(3) 合成欧泊的制作手段不能重现天然欧泊复杂的颜色变化，所以图案过渡很不自然。

2. 假冒的欧泊

一种彩色的金属泊放置在比较清晰的硬塑料夹层或环氧树脂内，是很容易识别的伪劣仿冒品。

3. 德博莱欧泊和翠博莱欧泊

这是特殊的经手工制作过的宝石，德博莱欧泊是很薄的欧泊与黑色的背景衬石（通常用深色普通欧泊或浅色普通欧泊喷黑漆）用黏结剂胶合在一起。翠博莱欧泊由于欧泊更薄，所以是采用在德博莱欧泊表面上再覆盖一层圆弧形透明的石英材料或玻璃，用来放大图案和保护欧泊表面。大家通常用它们模仿有价值的黑欧泊，很漂亮但是价格又实惠。

(1) 原欧泊是天然足够厚的欧泊经打磨和加工形成。

(2) 德博莱欧泊是比较薄的欧泊用黑色背景衬石作为基底黏结在一起的双层手工欧泊。

(3) 翠博莱欧泊是在德博莱欧泊的基础上加上圆弧形表面的石英或玻璃使中间欧泊的颜色放大变得更好看。德博莱欧泊和翠博莱欧泊是黑欧泊比较便宜的替代品。缺点是将它们用胶水黏结，如果反复用水浸泡，受潮后产生雾状表面现象或变灰。所以，在保存德博莱欧泊和翠博莱欧泊时要稍稍注意一些。请注意，很多关于欧泊的说明书所说的对于欧泊的通常处理大多都是针对原欧泊的，而不是德博莱欧泊和翠博莱欧泊。只有德博莱欧泊和翠博莱欧泊需要避免水的渗透，而原欧泊则不需要。德博莱欧泊和翠博莱欧泊可以经常用软布和中性清洁剂擦拭，但不要浸入水中。另外，任何欧泊应该避免漂白、化学品和超声波清洗。

总之，虽然德博莱欧泊和翠博莱欧泊相对比较便宜，但也是很好看的饰品。也许同样漂亮的原欧泊需要10倍以上的价格呢！由于原欧泊比较稀有，采用了这样的加工方法，可以使大家既能拥有黑欧泊的美丽，也能承受得起它的价格。尽管如此，在购买的时候就要清楚您在消费怎样的产品，也应该知道如何避免您的德博莱欧泊和翠博莱欧泊不会由于渗水而破损，还要寻求必要的鉴定证书来获得你的欧泊是否是夹层的信息，避免花高价买入夹层欧泊。

欧泊的保养和储藏

保养欧泊其实很容易，只要具备一点小常识就可以了。

⑴ 原欧泊的养护。原欧泊是比较娇嫩的宝石，硬度相当于玻璃，所以要小心对待，避免受损。如果您准备处理的事情有可能会损坏您的欧泊，您应该先将佩戴的欧泊首饰取下来（例如您准备在花园干活、搬家具等）。很多人误认为原欧泊不能放在水里，其实那仅仅是对于德博莱欧泊和翠博莱欧泊来说的。原欧泊放入水中没有任何问题，因为大多数欧泊本身就包含一定比例的水分。如果遇上极端的气候干旱或气温急速变化，欧泊偶尔也会破裂。所以要尽量避免极端的高温（沸水）和极端的干旱（沙漠）以及温度的急剧变化。

⑵ 德博莱欧泊和翠博莱欧泊与原欧泊有所不同，德博莱欧泊和翠博莱欧泊最关键的是不要放入水中。在前面也重复提到这一点，那样会使你的欧泊表面起雾。

⑶ 清洁欧泊。原欧泊可以用温水和清洁剂以及软的毛刷或软布清洗，切勿用漂白剂。德博莱欧泊和翠博莱欧泊可以用湿布和去污剂擦干净，千万不要浸放

在水中。也别让任何人用超声波清洗您的欧泊，因为强烈的微波引起震动有可能会使原欧泊破裂。而超声波清洗也需要将欧泊放入水中，那样会让您的德博莱欧泊和翠博莱欧泊被水渗透。

如果需要将欧泊放置一小段时间，直接把它放在软布袋里就可以了。如果需要存储很长时间，那就应该用棉花或毛制品滴少许水后将原欧泊包裹起来然后放在塑料袋中，这样做主要是为了防止气候干燥对欧泊产生的不利影响。20世纪80年代，很多日本商人在保存欧泊的问题上犯了重大的错误，他们将价值连城的名贵黑欧泊放在专门烘干的盒子里储存很久，最后他们惊讶地发现黑欧泊由于长时间缺少水分而干裂了。

价格行情

欧泊中价位最高的要数产自澳洲的黑欧泊，1克拉市价在2009年就已涨到6600元人民币左右，品质好的更高。埃塞俄比亚火欧泊和墨西哥火欧泊大小通常不超过3克拉，4~10克拉的已经少见，10克拉以上的就算是稀有的大颗宝石了。产自埃塞俄比亚的每克拉在400元左右，而产自墨西哥的则要2000元人民币以上，价格悬殊。

欧泊

石榴石

石榴石的英文名叫Garnet，它由拉丁文Granatus（“有许多颗粒”之意）一词转化而来。实际上，石榴石的化学成分与内部结构由许多成分组成，也就是很多颗粒结合而成；从颜色和外观上看，石榴石多姿多样，丰富而多彩。

在欧洲的波希米亚石榴石博物馆里，有一块沉睡了几百年的红色石榴石，她静静地向每一位参观者讲述着一个美丽动人的爱情故事。乌露丽叶是这块石榴石的主人，她是欧洲最伟大的诗人歌德的爱人。当年年仅19岁的她第一次看见歌德时，便深深地爱上了他。由于两人年龄差距太大，她的爱情受到了家族的反对。可是这个倔强的姑娘对歌德炽热的爱，就像她对家族里的那块石榴石一样。每次和歌德约会，她都要戴上石榴石，因为她深信石榴石能传递恋人之间爱的信息，她要让石榴石见证自己忠贞不渝的爱情。也许真的是石榴石显灵，把乌露丽叶近乎疯狂的爱传递给了歌德，歌德被乌露丽叶跨越年龄的爱深深打动了，因而一部伟大的传世诗篇《玛丽茵巴托的悲歌》由此诞生。

最初，从欧洲最古老的遗迹——捷克斯洛伐克中发现的宝石，就是石榴石。这串石榴石是用一条绳子串起来的，传说它被这个部落的长老佩带着。古时候的人把太阳当成神来崇拜，而受到阳光照射即会闪闪发光的宝石，就被视为跟太阳一样的神秘。长久以来，一提到石榴石，人们就会联想到火，人们相信它具有照亮黑夜的能力。在穆斯林宗教里，人们相信石榴石能够照亮天堂。古代的挪威人和斯坎蒂诺维亚人死时总是用石榴石陪葬，他们相信此石会照亮他们走向瓦尔哈纳殿的道路。阿比西尼亚君王的宫殿上，也布满了石榴石。十字军战士们把石榴石镶嵌在自己的盔甲上，相信宝石的保护力量会保佑他们平安无事。在中世纪时，人们普遍相信石榴石有消灾避难、增强人的生命力、忠诚等神秘力量，所以广为骑士们所用。从阿比西尼亚的王妃到法国的玛丽·安托瓦内特皇后（路易十六皇后），无不在她们的衣领上坠满石榴石，因为自古以来人们一直把它作为女性美丽的象征。

一般人认为石榴石是一种单独的矿物，其实它本身是由许多分子结构相同而成分不同的元素组成的（异质同形）。其主要的化学成分：$Al_3Be_2(S_iO_4)_3$。石榴石族属于等轴晶系宝石，在结晶体结构上，属岛状硅酸盐，常见的结晶形态为菱形十二面体、四角三八面体及聚形，晶面可见生长纹。属等轴晶系，折光率为1.74~1.90。摩氏硬度：7~8，密度为3.5~4.3克/立方厘米。

石榴石依照其成分可以分为六大类：镁铝榴石——铁铝榴石——锰铝榴石——钙铝榴石——钙铁榴石——钙铬榴石。具体见下页表。

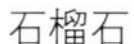

石榴石

石榴石项链

石榴石的具体分类

矿物	颜色	硬度	密度	折射率	包裹体
镁铝榴石	深红，玫红，紫红，橙红	7~7.5	3.53	1.71	针状金红石针包裹体，多呈70度、110度相交，不规则及浑圆状晶体包体（固，液）
铁铝榴石	褐红，褐黑，橙红	7~7.5	4.32	1.83	针状金红石包体
锰铝榴石	棕红，玫瑰红，橙红，褐黄	7~7.5	4.19	1.80	羽状，波状包体
钙铝榴石	绿，黄绿，褐红，蜜黄	7	3.69	1.73	星点状，短柱状固态包体
钙铁榴石（翠榴石）	绿，黄绿，褐黑，黑色	7	3.90	1.89	放射状、马尾状石棉包体
钙铬榴石	翠绿色	7.5	3.90	1.86	未知

注：其中钙铬榴石价值最高，也最为稀有。

镁铝榴石

通常，镁铝榴石带点粉紫红色的比较受欢迎，大小从1~10克拉的均有，单价差别不大，每克拉100~300元人民币。带有铁铝和镁铝两种成分的石榴石被称为红石榴（来自希腊文pyrōpós，其意为“火眼”），是一种红色的石榴石，化学上等同镁铝硅酸盐，化学式为$Mg_3Al_2(SiO_4)_3$，镁的位置可以由钙及二价铁取代。红榴

镁铝石榴石

石的颜色范围由深红至差不多黑色。透明红榴石会被用做宝石。来自北卡罗莱纳州梅肯县的红榴石是紫红色的，被称为玫瑰榴石（rhodolite），英文源自希腊文，意义为“玫瑰”。单价同镁铝榴石相差不多，深受年轻消费者的喜爱。

铁铝榴石

铁铝榴石，英文名称Almandine，源自小亚细亚的阿拉班达（Alabanda），为古代切割和加工石榴子石的地方。铁铝榴石因含铁元素较多通常呈暗红色至棕红色的半透明状晶体，部分属贵重者，呈深红透明状，是宝石界最常见的深红色石榴子石，称为贵榴石，有时光凭外表很难与镁铝榴石区分。常见的大小1~20克拉的均有，5克拉以下的每克拉100元人民币左右；5~10克拉的每克拉200元人民币上下；10~20克拉的每克拉约700元人民币。挑选时注意要选体色不太黑的、火光强烈的明亮的为好。

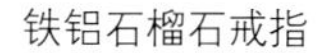

铁铝石榴石戒指

铁铝石榴石

锰铝石榴石戒指

锰铝榴石

锰铝榴石因第一次是在德国的SPESSART地区被发现，所以英文名以地名命名；又因早期荷兰探险家在非洲发现而献给皇室，也被称为荷兰石。锰铝榴石因火光最为出彩，所以定价不低，大小通常在1~20克拉之间，但一般超过10克拉的已算难得。1~5克拉的每克拉约600元人民币，5~10克拉的约800元每克拉，10克拉以上的每克拉要1500元人民币以上。

钙铝榴石

钙铝榴石的本义为绿色水果，由于拥有丰富的颜色而受到大众的喜爱。颜色从棕黄、黄绿、翠绿一直到深绿，因含有铬或钒而呈现翠绿色的钙铝榴石则与祖母绿极像。

1. 沙弗莱

沙弗莱是钙铝榴石的一种，以深绿色居多，主要产自坦桑尼亚。自1973年在肯尼亚被发现以来，价格一直居高不下，大受追捧。因其硬度高达7.5，是普通石榴石无法企及的，而且它的折射率接近红宝石，如果再加上切工不错的话，整颗宝石会相当闪亮出彩，加之其本身的翠绿色又养眼讨喜，难怪会持续流行。一颗1克拉的沙弗莱价位在3000元人民币左右，2克拉大小的每克拉要5000元人民币以上。4克拉以上就属于比较稀有的了，若品质再好一点，价位就在每克拉1万元人民币以上了。绿色宝石中，除了祖母绿、翡翠、翠榴石，价位紧跟其后的就是沙弗莱，这也体现了它的珍贵性。

2. 水钙铝榴石

不透明到半透明的绿色水钙铝榴石也被称为“非洲玉”，有时会与翡翠相混淆。水钙铝榴石内部通常都有内含物，很难找到纯净无暇的，而且市面上不太常见，有意寻找也要看“缘分”。一般大小在1~5克拉都属正常，每克拉定价在200~300元人民币左右。

3. 黑松石

黑松石是橘棕色钙铝榴石的统称，与橘黄色的锰铝榴石易混淆，而这价位相差甚大，如要区分，还得依靠专业的仪器。黑松石大小通常在1~10克拉之间，5克拉以下的每克拉约200元人民币，5~10克拉的要400元人民币。

4. 变色石榴石

自2007年起，一种产自非洲的会变色的石榴石出现在了宝石界，它的颜色会由蓝绿变为红棕，变色颜色也有深浅之分。但现今市场上这种宝石非常少见，价位也不稳定，依照以前的数据，1克拉的要人民币700元左右，2~4克拉的就属于大颗的，每克拉约1400元，5克拉以上的极少，每克拉2300元人民币以上。

钙铁榴石

钙铁榴石里不可不提的就是翠榴石，它是绿色的钙铁榴石。由于其产量稀少，价格与祖母绿接近，通常都在1克拉以下。主要产自俄罗斯乌拉尔山，因有高折光率与明显的色散，所以呈现出了耀眼亮丽的颜色。翠榴石一直以来都是收藏者们争相入手的宝物，别说市面上难得一遇，就是在国际拍卖会上也鲜为一见。最近一次在美国的价格是1克拉要价1000美元，即使这样，收藏家们也蜂拥而至。

钙铬榴石

颜色也为翠绿色，但颗粒不大，一般不会超过2毫米，主要产自俄罗斯乌拉尔山地区。因难以琢磨，所以通常无法作为宝石流通。

石榴石“五最”

- 石榴石的产地几乎遍及全球，德国是出产石榴石最多的国家。
- 公认的最珍贵的石榴石是产自乌拉尔山脉波布洛夫河床金矿的“典曼多石榴石”。这种石榴石原石普遍很小，重量一般不超过3克拉。由于拥有诱人的透绿，因此被称为“乌拉尔祖母绿”，上品价值连城。
- 历史上最大一块石榴石原石重达20吨，搬运时用了100匹马。这块产自乌拉尔山脉的“玫瑰石榴石”被雕刻制作成了叶卡捷琳娜二世的孙子尼古拉一世的棺椁。
- 美国国家自然历史博物馆中珍藏着世界上最好的一颗褐黄色透明的石榴石（铁钙铝榴石），是一个雕刻精巧的基督头像，重61.5克拉，堪称无价之宝。
- 中国地质博物馆中藏有一颗产于新疆的橙红色锰铝榴石大晶体，重达1397克拉。

尖晶石

尖晶石的英文名是Spinel，意思是小刺、小尖。因为其结晶形状比较尖，因而命名为尖晶石。它与红宝石极其相似，且多与红宝共生。在泰国，人们为了将它与红宝石进行区分，便将它称为“软宝”，因为它的硬度比红宝石要低。尖晶石的颜色有红色、紫色、黄色、草绿色，最常见的是红色和蓝灰色。

目前，世界上最具有传奇色彩、最迷人的重361克拉的“铁木尔红宝石”(Timur Ruby）和1660年被镶在英帝国国王王冠上重约170克拉的“黑色王子红宝石”(Black Prince's Ruby)，直到近代才鉴定出它们都是红色尖晶石。在我国，清代皇族封爵和一品大官帽子上用的红宝石顶子，几乎全是用红色尖晶石制成的，尚未见过真正的红宝石制品。世界上最大、最漂亮的红天鹅绒色尖晶石，重398.72克拉，是1676年俄国特使奉命在我国北京用2672枚金币买下的，现存于俄罗斯莫斯科金刚石库中。

尖晶石是镁铝氧化物组成的矿物，成分为$MgAl_2O_4$，因为含有镁、铁、锌、锰等元素，它们可分为很多种，如铝尖晶石、铁尖晶石、锌尖晶石、锰尖晶石、铬尖晶石等。由于含有不同的元素，不同的尖晶石可以有不同的颜色，如镁尖晶石在红、蓝、绿、褐或无色之间；锌尖晶石则为暗绿色；铁尖晶石为黑色；等等。尖晶石属等轴晶系，常呈八面体晶形，有时八面体与菱形十二面体、立方体成聚形。无解理，贝壳状断口，呈玻璃光泽至亚金刚光泽，从透明至不透明都有。

红色尖晶石与红宝石十分相似，区别在于红宝石有二色性，颜色不均匀，有丝绢状包裹体。尖晶石是均质体，无二色性，颜色均匀，固态包体为八面体。

蓝色、灰蓝色、蓝紫色、绿色尖晶石与蓝宝石容易相混，区别在于蓝宝石二色性明显，色带平直，有丝绢状包裹体和双晶面。两种宝石的密度、折光率、偏光性都不同。

人造尖晶石颜色浓艳、均一，包裹体少，偶尔有弧形生长线，折光率高，为1.727左右。红色人造尖晶石多仿造红宝石的红色，蓝色尖晶石多呈艳蓝色。天然尖晶石还可以根据内部包裹体的特征与人造尖晶石区别。

蓝色尖晶石戒面

红色的尖晶石若色泽接近红宝石，加上火光出众的话，价格也是不低的，每克拉要2200元人民币左右；如果颜色稍淡一些，每克拉用800元左右就可买到。现在还有一种产于斯里兰卡的变色尖晶石，大小通常在1~3克拉之间，品质佳、颜色正的价格也很高，选购时挑颜色接近红宝石或蓝宝石的。

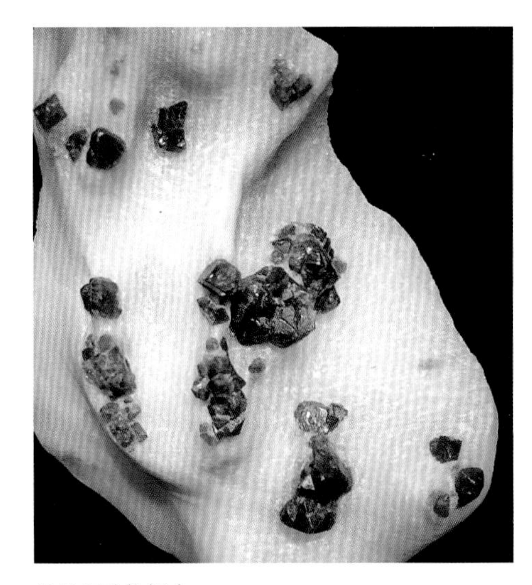

尖晶石矿物标本

葡萄石

葡萄石多产于泰国，我国四川省泸州、乐山等地也有出产。该石色泽多呈绿色，石面上有一颗颗凸起的色块，状如葡萄，由此得名。葡萄石圆润光洁、晶莹可爱，以颗粒与底色对比明显、粒大形圆，呈浮雕状亦能构成图形者为佳。乍听葡萄石，还以为是紫色的宝石，其实它的主要颜色为黄绿色到翠绿色。

葡萄石是一种硅酸盐矿物，含Fe、Mg、Mn、Na、K等元素。其晶系类型是斜方晶系，为晶质集合体，常呈板状、片状、葡萄状、肾状、放射状或块状集合体。断口为参差状不平坦型。摩氏硬度在6~6.5之间。密度为2.80g/cm^3~2.95g/cm^3。具脆性。

葡萄石项链

葡萄石耳钉

优质的葡萄石会产生类似玻璃种翡翠一般的“荧光”，带有油脂感，非常美丽。葡萄石的颜色有深绿—绿灰绿—绿、绿—黄绿—黄、无色等，偶见灰色的，但总体来说，以绿色调为主的葡萄石必定带黄色或者灰色调，黄色调为主的葡萄石通常颜色比较亮却不鲜艳，也带有灰色调。

上好的葡萄石通常为集合体，深绿色。但一般来说，这种材料由于单晶体解理发育，所以很少有单晶体刻面型，比较少见。市面上常见的葡萄石大多为河北

葡萄石戒面

产的无色葡萄石，经加工后非常类似无色翡翠。所以，有些商人会把优质的葡萄石当做优质翡翠的替代品，请注意区别。葡萄石以内部洁净，颜色悦目，颗粒大且圆润饱满为价格评价标准。近一两年来，葡萄石在国际上深受许多设计师的喜爱，在台湾尤其掀起一阵旋风，其主要原因是在许多具备类似翡翠外貌的天然宝石中，以葡萄石所拥有的条件最具优势：通透细致的质地、优雅清淡的嫩绿色、含水欲滴的透明度、神似顶级冰种翡翠的外观，而且价格经济实惠。

葡萄石的价格要根据其颜色和干净度而定，越翠绿无暇且透明，价格越高。若内部有石纹，则价格会很便宜，一克拉几十元人民币便可买到手。淡黄色或者浅黄色内部干净的价位在每克拉100元人民币上下，中等级颜色的每克拉在200元以上，至于翠绿色如同玻璃种翡翠一般的无瑕葡萄石，要每克拉400元人民币左右，而且非常少见。

葡萄石

橄榄石

橄榄石（Olivine）因颜色如橄榄（Olive）而得名，宝石级的橄榄石又称翠绿橄榄石或贵橄榄石（Peridot），这一名称源于法文Peridot。在古埃及，橄榄石被称为“黄昏的祖母绿”，被认为具有太阳一般的神奇力量，可以去除邪恶，给人类带来光明和希望，所以又把橄榄石称为“太阳的宝石”。大约在3500年以前，橄榄石在圣·约翰岛被发现。宝石级橄榄石分为浓黄绿色橄榄石、金黄绿色橄榄石、黄绿色橄榄石、浓绿色橄榄石（也称黄昏祖母绿或西方祖母绿、月见草祖母绿）和天宝石（产于陨石中，十分罕见）。优质橄榄石呈透明的橄榄绿色或黄绿色，清澈秀丽的色泽十分赏心悦目，象征着和平、幸福、安详等美好意愿。古代的一

橄榄石戒指

些部族之间发生战争时常以互赠橄榄石表示和平。在耶路撒冷的一些神庙里，至今还有几千年前镶嵌的橄榄石。

从矿物学角度来说，橄榄石是一种岛状结构硅酸盐矿物，属斜方晶系。晶体形态常呈短柱状，集合体多为不规则粒状。颜色多为橄榄绿、黄绿、金黄绿或祖母绿色。玻璃光泽，透明。折光率1.654~1.690，双折射率0.035~0.038。多色性不明显，色散0.020。硬度6.5~7.0，密度3.27~3.48克/立方厘米。具脆性，韧性较差，极易出现裂纹。其内含物相当多，想要找到干净度高的极其困难。

鉴别

在市场上，唯一冒充橄榄石的就是玻璃了，那么如何辨别橄榄石饰品是否真橄榄石制作的还是玻璃仿制的呢？这主要看它是否存在“双影”：玻璃内是看不到

与橄榄石相似的几种宝石

绿碧玺：三方柱、六方柱及三方单锥的聚形或晶体的碎块，晶面上有密集的纵纹，晶体的横断面为球面三角形。

锆石：四方柱、四方双锥及其聚形，晶面显亚金刚光泽，多色性弱。比重大，手感沉。

透辉石：单斜晶系宝石，晶体呈短柱状及碎块，硬度低，耐磨性差，多色性明显。

金绿宝石：三连晶呈假六边形，板状及厚板状晶体，晶体碎块及卵石状，晶体表面显亮玻璃光泽。

钙铝榴石：完好晶形呈现菱形十二面体、四角三八面体，晶面上可见生长纹。

双影的，而橄榄石则具有十分明显的双影；另外，玻璃内含有气泡，而橄榄石内则含有结晶质包体。

与橄榄石相似的宝石有绿色碧玺、锆石、透辉石、硼铝镁石、金绿宝石、钙铝榴石等。关键的区分依据有以下五点。

(1) 折射率及双折率的差异。

(2) 吸收光谱。

(3) 相对密度。

(4) 非均质性及刻面棱双影线特征。

(5) 光泽、色调及多色性差异。

橄榄石在世界上的分布较广，产出也较多，用于首饰上的橄榄石应完全透明，所含的包裹体应小至肉眼不可见。颜色以中—深绿色为佳品，色泽均匀，有一种温和绒的感觉为好；绿色越纯越好，黄色增多则价格下降。一般多在3克拉以下，每克拉200~400元人民币左右，3~10克拉的橄榄石少见，因而价格较高，每克拉

橄榄石手链

400~600元人民币，超过10克拉的橄榄石则属罕见。世界上最大的一颗橄榄石来自埃及塞布特，重量310克拉；而最漂亮的一块切磨好的橄榄石重192.75克拉，曾属于俄国沙皇，现存在莫斯科的钻石宝库里。

因为其本身单价不高，所以在选购时宜挑选大颗一点，颜色以翠绿色为佳。橄榄石常用来做胸针、戒指与耳环，平常佩戴应注意避免与其他宝石碰撞，而造成破损。

选购要诀

- 选购橄榄石首饰时，首先应注意其绿色是否纯正深艳，黄绿色过多为降低其价值。
- 注意其内部应无裂无瑕，有瑕疵的橄榄石价值较低。
- 应注意首饰中宝石是否有毛边现象，最好选边棱平直、切工规则完善的。

橄榄石

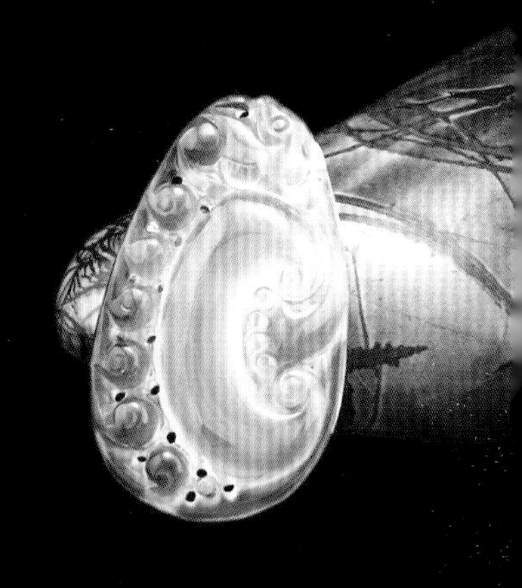

中国传统玉石篇

翡翠

历史延革

翡翠是一种中国的传统玉石，从不同的角度出发，可被赋予不同的名字。如果按产地命名，便称它为“缅甸玉”；若按成分来分，许多地质学家称它为辉玉，因其主要由含钠的辉石组成。而“翡翠”则是它的商业用语。

古时候，“翡翠”二字是一种鸟的名字，它的毛色十分艳丽，通常为蓝、绿、红、棕。雄鸟的羽毛一般呈红色，谓之“翡”，雌鸟则呈蓝色，谓之“翠”。杜甫诗中记有“翡翠鸣衣桁，蜻蜓立钓丝”。而后“翡翠”二字则被更广泛的作为颜色代名词的使用上，如翡红和翠绿。到了清代，翡翠鸟的羽毛作为饰品进入了宫廷并深受人们的喜爱，与此同时缅甸玉也进贡入宫，因颜色与翡翠羽毛相似，所以人们称这些来自缅甸的玉为翡翠。历经时日，“翡翠”二字也就成了这种来自于缅甸的玉石的名字。

我国对于翡翠的文字记载最早出现于周朝，到了清代乾隆皇帝之后它才有了真正的商业价值及市场。在缅甸，也就是翡翠的“故乡”，据《腾越厅志》记载：“玉石以红白分明透水者为佳，翡翠色为精品，其名不一，均生勐拱。”

约2000年前人们开始使用这种玉石，经打磨及粗略加工后用于装饰。直到18、19世纪，翡翠在缅甸成了华丽而贵重的宝物，这点在时间上与我国乾隆皇帝在位

冰种绿翡翠吊坠

缅甸翡翠戒指

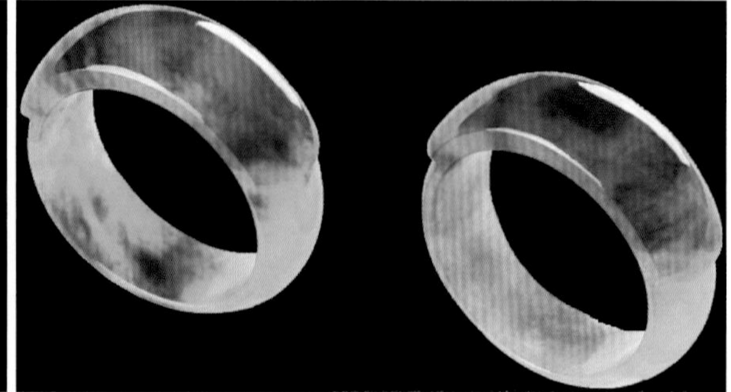

缅甸冰种阳绿扳指

时相符。翡翠在缅甸身价的抬升主要是受到了乾隆皇帝的喜爱，中国皇家宫廷也赋予了翡翠极高的地位。清代自康熙以后，缅甸国王便将翡翠作为贡品，献给中国皇帝。由于乾隆皇帝对玉石的喜爱，使得皇亲国戚、大臣官僚爱玉成风，这也促使了翡翠行业的兴旺发展。尤其在清朝末年，翡翠更加受到慈禧的喜爱，使得其身价陡增。传说慈禧抛却了外国送的大钻石，却偏偏喜爱小小的翡翠。慈禧最喜爱的有两个翡翠西瓜，瓜皮翠绿，黑瓜子，红瓜瓤。她还派了几名亲信，日夜轮守这对翡翠西瓜。此外，还有两颗翡翠白菜，生动逼真，菜心上有满绿的蝈蝈，绿叶旁有黄色的马蜂，令人叫绝。渐渐的翡翠在民间也成了炙手可热的宝物。时至今日，翡翠已经成为颇受大众追捧和喜爱的带有中国文化韵味的珠宝玉石。

翡翠鉴定

1. 翡翠的属性

从矿物学的专业角度分析，翡翠是一种矿物集合体，主要化学成分为$NaAlSi_2O_6$，属单斜晶系矿物，摩氏硬度在6.5~7之间，比重为3.33，折射率在1.66~1.68之间，属集合体结构，无法分辨节理，断口为粒状断口。其颜色可呈苹果绿至祖母绿色、红色、黄色、紫色、黑色及白色。颜色是翡翠最重要的自然属性之一，当属自然界中颜色最为丰富且极具变化性的玉石。这是由于其含有铬、铁、锰等致色离子，使得翡翠的颜色划分有了确切的理论依据，颜色因此也成了评价翡翠的重要考量要素。翡翠的透明度则是影响其价值高低的自然属性，而透明度则是翡翠的矿物颗粒大小、颗粒间的结合方式、排列方式及矿物组合成分的变化所决定的。

2. 翡翠鉴定

那么如何鉴赏一件翡翠成品呢?

先鉴真伪，再品好坏。

翡翠中假货名目繁多，分为B货、C货和D货。

(1) A货翡翠。通常说的A货（真货）指的是纯天然形成的辉玉，只浸泡过酸梅水，以将其表面油脂去掉。A货翡翠越带颜色越润泽，其中的微量元素对人体有益。

(2) B货翡翠。B货翡翠是将天然翡翠浸泡在酸液里，去掉翡翠中的次生矿物

糯种翡翠手镯

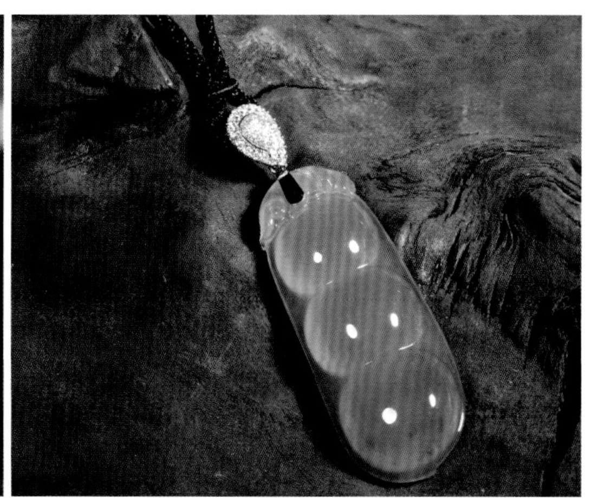

老坑绿翡翠吊坠

杂质，增强其透明度，使之看起来比较干净。接着再给翡翠中充入凝胶，以填满去掉杂质后产生的孔隙。如此一来，翡翠的质地完全被破坏了，失去了本身的韧性。并且，随着时间的推移，人工填入翡翠的胶会逐渐老化并脱落，原先看起来颜色丰润靓丽、晶莹剔透的翡翠则变得痕迹斑斑，失去以往的光彩。

有的商家认为B货翡翠也属真货，只是经过了一些人工处理。这种说法略显牵强，B货翡翠是以低档不具备做首饰的原料，经过了人为的破坏性的加工手段用以冒充高档翡翠，使大多数消费者购买时是以为自己买的是A货天然翡翠。所

三彩玉坠子

以，不应将这种专门用来冒充高档A货（真货）翡翠的B货翡翠纳入真货之列。其次，根据珠宝的三要素——美丽、耐久、稀有，B货翡翠并不具备这三个要素，由此可评断B货翡翠不是真货，是假货。

那如何才能识别出B货翡翠呢？经过了破坏性处理的B货翡翠相较于A货有以下7点特征。

① B货翡翠颜色大多鲜艳，但绿色没有色根，看起来比较突兀，与底色对比强烈，略显不自然。

② A货翡翠结构致密，外表散发玻璃光泽；而B货则光泽较弱，多呈树脂光泽和蜡状光泽。

③ 在顺着光的情况下，转动翡翠，找到能清晰看到翡翠表面反光的角度，也可用珠宝放大镜观察，会发现其表面有与橘子皮类似的凹坑和麻点，行内称为“橘皮现象”，这是B货翡翠表面的硅胶经风化磨蚀剥离后形成的。

④ 将B货翡翠的内部结构放大进行检查，可观察到其结构较为松散，晶体颗粒被错开、位移，失去方向性。

⑤ B货翡翠经注胶后，若用紫外线荧光灯照耀它，则呈粉蓝色或黄绿色荧光。

⑥ 分别轻轻敲击A货和B货翡翠手镯，前者声音清脆悦耳，后者声音发闷。

⑦ 若有条件，用红外光谱对翡翠进行检查是分辨B货的终极判断标准。根据A货翡翠的红外吸收光谱，A货的透射比数值在波数3500附近下降至0.0后便开始一路爬升，直至波数2800处升至最高约3.5左右，爬升期间一直呈向上增长的趋势，并无波动。而B货的透射比在波数3500~2800之间经历了两次爬升和一次下降，较A货的变化趋势多了一次明显的波动。

（3）C货翡翠。C货翡翠是指经人工染色的翡翠，在原本没有颜色或颜色较浅的翡翠上人为地加上颜色，其所呈现出的颜色是非天然的，所以C货也是假货。随着科技越来越进步，染色手段也多种多样，大多是先将翡翠加热，使其结晶颗粒间的裂隙变大，随之将其局部浸泡在染料中，使颜色顺着裂隙进入翡翠。近年来也出现了B+C翡翠，即经过强酸浸泡去杂质、冲胶后再进行人工染色的翡翠。

那如何鉴别C货翡翠呢？专业人士鉴定C货翡翠时，将翡翠对着光仔细观察，常能看出颜色是顺着裂隙分布的，并不自然，外观很像毛细血管。另外，染的颜色没有色根，通常浮在翡翠表面，颜色较A货翡翠来说显得“楞”和“死”。看到这样的情况，就可以断定这块翡翠的颜色并不是天然存在于玉石之中的，而是从外部加进来的。

（4）D货翡翠。D货翡翠则是指本身不是翡翠而冒充翡翠的材料。常见的有玻璃、石英和其他玉石。翡翠与其他玉石的显要区别在于，翡翠的硬度和密度都高于一般玉石。

怎样才能选购到称心的A货翡翠呢？

其实，最行之有效的鉴别方法就是让商家出示权威珠宝鉴定机构的鉴定证书，经国家承认的鉴定机构对翡翠鉴定的准确度非常高，这就为消费者解决了最棘手的问题。接下来，消费者要掌握的就是如何解读鉴定证书上标注的各种结果。

只有是天然的A货翡翠，最终出具的证书上才会将鉴定结果标注为“翡翠”，不会标明“A货”或“天然”等字样。

若是B货翡翠，在证书的鉴定结果一项中会标明“翡翠（处理）”、“翡翠（注胶）”、“翡翠（B货）”或“翡翠（优化）”。

若是C货翡翠，会标明“翡翠（染色）”。

如果是D货翡翠，则在鉴定证书的结果一项中不会出现“翡翠”二字，就直接标明代用品的名称，是玻璃就标“人造玻璃”，是某种玉石就标该玉石的具体名称。

珠宝鉴定证书均是一一对应的，即一件东西一张证书，证书上应有该物品的图片及具体信息。

在鉴定书的最后，应有检测人员的签字，并盖有该检验机构的钢印或防伪标志。

3. 怎样挑选精品

北京地区最权威的鉴定机构——原地矿部所属的国家珠宝玉石质量监督检验

中心和北京高德珠宝鉴定研究所。消费者需要注意的是，很多商家出具的证书并非国家权威鉴定机构，这都将在准确性和可信性上大打折扣，有的检测机构为了某些利益制作与实际不相符的证书，这都会使消费者蒙受损失。

在鉴定环节分别过真假后，接下来又如何在真货之中挑选一块有收藏价值又称心的翡翠呢？通常行家会推荐消费者在鉴赏过程中分四步进行——先看颜色，再看透明度，接着是厚度与杂质的多少，最后看雕刻工艺的精美程度。

首先，翡翠因色定价。翡翠的颜色有很多种，包括绿色、紫色、红色、黄色、灰色、黑色、白色等。在所有颜色当中，要数绿色的翡翠最有价值，其次是紫色，然后是红色和黄色。灰色翡翠几乎没有价值。对于颜色的考量，消费者需把握好“浓、艳、正、均”四个字。下面为大家分颜色进行分析。

（1）绿色。对绿色翡翠的要求是其颜色要越饱和、越浓艳越好，并且绿的不偏不邪。看绿色，最为重要的是看其中有没有带灰色和黑色的色调，灰色会使翡翠显“脏”，黑色会使绿色变暗；若有白色，则绿色会被冲淡，颜色变浅，饱和度降低，价值也就低了。若绿色偏黄或偏蓝，则不太影响翡翠的价值，绿色偏蓝的成为祖母绿色，偏黄的成为苹果绿色。既不偏黄也不偏蓝的是翠绿色。绿色的价值主要体现在颜色的饱和度和浓艳程度上。行业中按照色调将翡翠的绿色分为以下几种。

①祖母绿、翠绿——绿色鲜艳纯正、饱和、不含任何偏色，分布均匀，质地细腻，其中祖母绿比翠绿饱和度更高，是翡翠绿色的极品。

②苹果绿、秧苗绿——颜色浓绿中稍显一点点黄色，几乎看不出来，绿色饱和度略低于祖母绿和苹果绿，也是难得的佳品。

③黄阳绿：绿色鲜艳，略带微黄，如初春的黄杨树叶。

④葱心绿：绿色像娇嫩的葱芯，稍带黄色调。

⑤鹦鹉绿：绿色如同鹦鹉的绿色羽毛一样鲜艳，微透明或不透明。

⑥豆绿、豆青：绿如豆色，是翡翠中常见的品种，玉质稍粗，微透明，含青色者为豆青。

⑦蓝水绿：半透明至透明，绿色中略带蓝色，玉质细腻，同属高档翡翠。

⑧菠菜绿：半透明，绿色中带有蓝灰色调，如同菠菜的绿色。

⑨瓜皮绿：大多为不透明至半透明，绿色不均匀，并且绿色中含有青色调。

⑩蓝绿：蓝色调明显，绿色偏暗。

⑪墨绿：多为不透明或半透明，色浓，偏蓝黑色，质地纯净者为翡翠中的佳品。

⑫油青绿：透明度较好，绿色较暗，有蓝灰色调，为中低档品种。

⑬蛤蟆绿：不透明或半透明，带蓝色、灰黑色调。

⑭灰绿：透明度差，绿中带灰，分布均匀。翡翠中的“满绿”常指那些颜色鲜艳且质地通透的优质品种，是种与色的完美结合。而其他有绿无种的即使绿色满布也不将其称之为满绿。

（2）紫色。紫色翡翠又称为紫罗兰，或称为春，将既有绿色又有紫色的翡翠

冰种翡翠挂坠

翡翠紫罗兰雕件

称之为“春带彩”，有黄、绿、紫、红四种颜色的称为“福禄寿喜”。对于紫色的要求是：要细腻且浓艳。种份细腻、色彩浓艳的紫罗兰价格上升很快，而颜色浅或偏暗且质地粗糙的紫罗兰则价值偏低，两者差距日趋明显。

(3) 红色。红色翡翠要比黄色翡翠价值高，其产出量也较黄色翡翠少。红色中种份好且通透的价值普遍较高。但消费者在选购时要注意一种“烧红”的翡翠，其红色是后天经人工加热处理烧制成红色的，即前面讲到的C货翡翠。“烧红”的外表常形成一层均匀的红色，显得不自然，也缺乏灵气。

(4) 黄色。黄色翡翠要种份通透、质地细腻、通透浓艳才有较高的价值。

(5) 黑色。黑色的翡翠被称为“墨翠”。墨翠看起来是黑色，但若对着光源观察其实是深绿色。墨翠之中以水头好、颜色浓正的为上品。

(6) 白色。白色翡翠是随着玻璃种翡翠的兴起而渐渐获得认可的，对于白色玻璃种翡翠来说，衡量其价值的标准就是越纯正、越白就越有价值。

行家说的“种”是什么

“种”指的是“种份”、“种水”，指的是翡翠的结晶结构。

前面讲过，翡翠是由许多矿物结合而成的，“种”是描述这些矿物颗粒的大小、结合的致密程度。颗粒结合的越致密、越细，则种就越好；反之，种就越差。这种颗粒的结构可以进行从小到大的科学排列，将目前市场上从好到差的顺序排列，为玻璃种、冰种、金丝种、油种、豆种、干青种。

玻璃种，顾名思义，是指翡翠质地如玻璃般透明，品质非常细腻，结晶颗粒致密，是翡翠中的极品。其矿物结晶颗粒呈显微粒状，粒度均匀一致。晶粒的最小平均粒径可小于0.01毫米，因此肉眼观测不可能有颗粒感更无脆性。加上玉料质地纯净、细腻，无裂无棉纹，玉石透明度高，具有玻璃光泽，给人的整体感觉就像玻璃一样光亮透明，所以被称为玻璃种。无色的玻璃种翡翠被行界称之为“白翡翠”，具有较高的收藏价值，是众多收藏者趋之若鹜的购买对象。最优的玻璃种看上去能带给人一种冰清玉洁的感觉。玻璃种有一个很直观的特点，就是肉眼观测会有荧光，这便是行家常说的“起荧”，即表面上带有一种隐隐的蓝色调的浮光游动。需要收藏者们注意的是，此“荧光”非彼“荧光”。前者说的是由于玻璃种翡翠透明度极高而产生的玻璃光泽，这使得翡翠看起来有晶莹剔透的感觉；后者指的是在荧光灯下，翡翠受外界能量激发而发出的荧光，通常天然的没有经过人工处理的翡翠是没有荧光的。所以，凡是起荧的玻璃种翡翠均可以称为极品。

冰种仅次于玻璃种，如冰一般为半透明状，但是没有强反光。顾名思义，玻璃种翡翠纯净得就像玻璃一样，内部若有任何细微杂质都暴露无遗，而冰种的透明度则退而居其次，虽然也很透明，但杂质稍多。与玻璃种不同的是，冰种翡翠只有三分温润，却有七分冰冷。行内有句话说：“冰种手镯洗尽浮华尽显沉静，是成熟女士的绝佳首饰；冰种吊牌一扫浮尘，是稳重男士的最好选择。”

高冰种翡翠挂坠

选购翡翠时最好能选冰种以上的翡翠，这有较高的收藏价值。

种水概念下的“水”又指的是什么？“水”或“水头”说的就是翡翠的透明度。透明度越高，水越好；透明度越低，水越差。

对于种和水都非常好的翡翠，行内称之为“老坑种”，反之称为“新坑种”。一件翡翠“种水”的好坏是评估翡翠的核心。

对于翡翠厚薄的考量，实际上是对料足的要求，尤其体现在翡翠吊坠上，若其余条件相等，厚实的坠子较之轻薄的价值更大。翡翠内部裂纹与黑色杂质越少，其价值自然越高。在同样色、种的翡翠中，形状饱满、圆润、周正且对称的翡翠更具有收藏价值。

雕工

工艺方面，翡翠有两个看似矛盾的要求：一要精美，二要简洁。

精美则指雕刻师傅的设计、工法是否精致并具有美学欣赏价值，简洁则要求在审美的标准上最大限度的体现出翡翠本身的色韵特征。

玻璃种、冰种和糯化种的翡翠由于质地细腻、透明度高等特点，雕刻时一般采用最简单的浅浮雕技法，雕刻纹饰、图案也尽量简化，即便是复杂的图形也尽量不刻出具体的细节，行话称之为“保料透水”。

市场

从市场来看，翡翠的行情波动性很大，20世纪70年代至80年代末，由于中国台湾和香港以及东南亚的经济腾飞，翡翠价格上涨千倍以上。20世纪90年代以来，翡翠成品的价格逐渐回调，到现在已跌至高峰的一半左右。翡翠的下一个上涨高峰必将随着国内经济的腾飞而到来。2011年缅甸的原料拍卖总成交额是300亿元人民币，而2010年11月的时候，缅甸原料拍卖成交额是200亿元人民币，再上一次成交额100亿元人民币，说明每一次都跨上了一个很大的台阶。翡翠这几年价格上涨很快。

从翡翠自身特点来看，它与字画和古迹相比，更易保存，与古家具相比，更易浓缩和转移资产，而且翡翠的储量非常有限，特别是上档次的翡翠就更加稀少了。高档翡翠的价值基本上不受市场行情波动的影响，与其他收藏品相比，它的价格更加稳定且升值明显。翡翠饰品既是物质产品，又是精神产品。

据资料统计，仅2012年一年，我国内地中档翡翠价格就上涨了30%~50%，高档翡翠更是翻了一番。中高档翡翠价格涨势之所以如此迅猛，有关专家分析主要有以下几点原因：首先是资源的不可再生性，使得翡翠只能越来越贵。其次，现在国内市场对其需求很大，缅甸矿区的资源却已渐渐枯竭，包括香港等地中高档的收藏级翡翠都开始往内地回流，以应对内地市场的局面。再次，翡翠人工合成从技术上还远远不过关，合成品和天然优质翡翠相差甚远，因此无替代品可言。另外，好的翡翠雕刻品都是靠手工一件一件雕刻出来的，每一件都要根据原料的质地、颜色等独自设计，不能像磨钻石一样机械化地加工琢磨。由此可以看出，

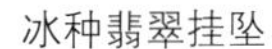
冰种翡翠挂坠

冰种翡翠葫芦挂坠

翡翠具有很强的保值性。需要一提的是，翡翠这种饰品不管男女老少，都可以佩戴。翡翠，自古以来就蕴涵着神秘东方文化的灵秀之气，有着“东方绿宝石”的美誉，被人们奉为最珍贵的宝石。这无形中为翡翠增添了一种悠远的文化气息。

毋庸置疑，投资翡翠的最佳时机是过去的10年，与10多年前相比，部分高端翡翠的价格已经上涨了50~100倍，但现在翡翠里的部分品种仍然具有投资价值。目前，价格在几十万元至几百万元之间的翡翠成品，将来涨幅仍然会较大，最具有投资价值。价格在几百万元，甚至上千万元的翡翠成品，由于已经获得了很大的上涨幅度，所以未来上涨的幅度会略小一点。

2011年翡翠成品拍卖市场行情

由于股市、基金、期货、房产市场的连续低迷，黄金价升得高又快速低落；又由于缅甸翡翠产地中高档资源趋于枯竭，出口国缅甸和进口国中国的关税大幅提高，从2011年下半年开始翡翠原料的进口量有所减少，价位继续大幅升高；国内的投资资金大量涌入了翡翠行业，中高档翡翠的缺口在加大，价位自然“水涨船高”；各种拍卖会、展览会、博览会、鉴赏会、翡翠文化艺术节和赌石艺术节等活动，大力宣传了翡翠，人们认识和了解了翡翠及其价值与保值作用，与此同时，不同程度地也对翡翠的价位大幅上升起着推波助澜之作用。

纵观2011年翡翠市场，继续2010年的热火行情，令人关注。对2011年翡翠成品拍卖市场行情，可以归纳有以下五方面的特点。

（1）中高档绿色翡翠成品引领拍卖市场潮流。在翡翠拍卖专场中，最吸引人、最重头的亮点拍品是绿色翡翠。由于翡翠在国内具有广泛而非常庞大的收藏人群，因其与中华历史渊源和文化底蕴有关联而深受追捧，也由于近3年价位上涨幅度较大，收藏升值率高，而成了各大拍卖行最重要的拍品，成交率普遍较高。

（2）高端满绿翡翠观音挂件2.1亿元拍卖成交，创历史纪录。12月9日晚，北京保利2011秋季艺术品拍卖会以49.2亿元的成交额收槌，在全球中国艺术品拍卖会中暂居成交额榜首。而高端满绿翡翠观音挂件以2.1亿元成交，创历史纪录，在高端满绿翡翠挂件亿元单件价位有里程碑意义。

(3) 中高档翡翠的拍卖稳中有升·成交踊跃。

(4) 紫罗兰色和黄翡色翡翠受青睐，黄翡翠异军突起拍价几倍于起拍价成交。10月底，苏富比珠宝秋季拍卖会刚刚落槌，佳士得香港瑰丽珠宝拍卖会就开始巡展，黄色翡翠受到空前追捧。其中，苏富比拍卖会上出现的11件黄翡翠拍品，成交价格均比起拍价高出几倍，估价只有8万港元的黄色翡翠山水人物摆件，成交价格达到了22.5万港元；估价只有5万港元的甲虫玉兰翡翠吊坠，实际成交价格却是25万港元，5倍于起拍价。

(5) 中高档翡翠摆件尚有升值空间与拍卖潜力。

翡翠对雕

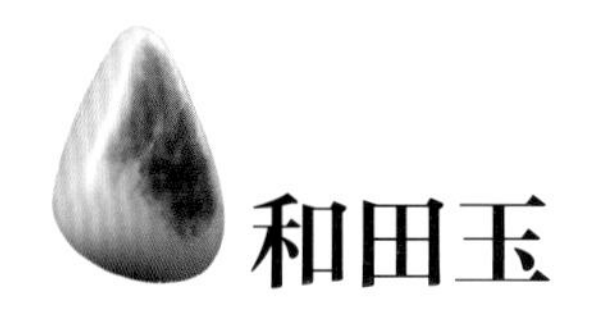

和田玉

“石之美者为玉”

人们对玉器的认识是在日复一日、年复一年不停地制作石质工具的过程中逐步建立起来的。代代相传下对各种石头物理性质的认识，使人们发现有一些石器既坚韧耐磨又色泽美观，比一般石器更令人赏心悦目，这便是“石之美者”。

被誉为“玉中之魂”的和田玉已经有7000多年的历史，至今仍作为我国玉文化的主体。由于其质地十分细腻，所以它的美表现在光洁滋润，颜色均一，柔和如脂，这种美显得十分高雅；如果加上精巧的雕琢，真是可以陶冶人的性情和品格。

开采、雕琢、使用玉器在中国已经有万余年的历史，在上古国家成型的初期，玉器一直被作为重要的祭器和瑞器，被先民视做与神明祖先沟通的媒介物。这种玉制礼器的传统，在夏、商、周时又得到进一步的发展，因此才会在长期的历史中形成了全民爱玉、尊玉的根深蒂固的民族心理。

同时，玉文化作为中国文明的一个重要组成部分，在中国5000年的文明史中有着无法估量的深远影响。中国的古籍中把昆仑山称为“群玉之山”或“万山之祖”。《千字文》中也有“金生丽水，玉石昆仑”之说。早在商代，和田玉已经从遥远的新疆来到商殷王都河南安阳。奴隶主贵族以用和田玉为荣，生前佩带，死后同葬。用玉之多十分惊人。新疆的和田玉要经过甘肃、陕西或山西才能到达河南。很明显，原始社会开拓的玉石之路，这时已经比较完善了。这个时候玉石之路更向西延伸到了中亚地区。据苏联乌兹别克史记载，在公元前2000年时，就已经有新疆碧玉在那里出现，可能就是从新疆北麓远运而去。3000年前的西周时代，新疆输入的和田玉已经成为周王朝王公大臣生活中不可缺少的部分，不论祭祀、各种礼仪，还是朝见皇帝，都必须用玉，而且有一套完整的规定。中国和田玉历史悠久，蜚声中外，和田玉制品闪耀着“东方艺术”的光辉。中国历代琳琅满目的和田玉精品，既是中华民族灿烂文化的组成部分，也是人类艺术史上的辉煌成就。

和田玉鉴定

和田玉是一种软玉，俗称真玉。狭义上来说，一般指产自我国新疆的和田玉，英文名为Nephrite。其化学成分是含水的钙镁硅酸盐。摩氏硬度为6~6.5，密度为2.96~3.17。和田玉属透闪石类，矿物成分为透闪石。

和田玉玉质的主要特点：一是透闪石含量极高，一般在95%以上，在国内外同类透闪石玉中和田玉的透闪石含量是较高的。二是杂质矿物极少，一般为1%~3%，多在1%左右。三是矿物粒度极细，为显微晶质和隐晶质。四是结构以毛毡状为典型，粒度均匀，交织成毡毯一般，这也是和田玉质地细腻致密的重要原因，而这种结构为其他类玉石所少有。

在珠宝玉石中，单晶体类宝石因其成分单一、物化性质稳定，故影响其价值的因素相对单一。而和田玉则与单晶体宝石不同，和田玉是由多晶体组成的矿物集合体，组成的矿物颗粒粗细不同、排列方式不同且分布往往不均匀，从而造成和田玉的颜色、结构、透明度、杂质等变化多样。和田玉原料的价值影响因素很繁杂，再加上和田玉蕴含的文化对价值的影响，就更难把握了。这就是“黄金有价，玉无价”的缘由。对于玉石来讲，国内外至今缺乏统一操作的通行标准，因此在市场上，大体同类质量的玉石或饰品，其价位却往往差别很大，很难掌握。

所以说，定价的前提一定是对玉本身真伪及好次的辨识，首先将其分门别类，才好“对症下药”。

分类

按颜色分类

《新疆格古要论·珍宝论》中说：“玉出西域于田国，有五色……凡看器物白色为上，黄色碧玉亦贵。”《汉书匡衡傳》：“洁白之士。”可见，白玉不仅颜色白，而且质

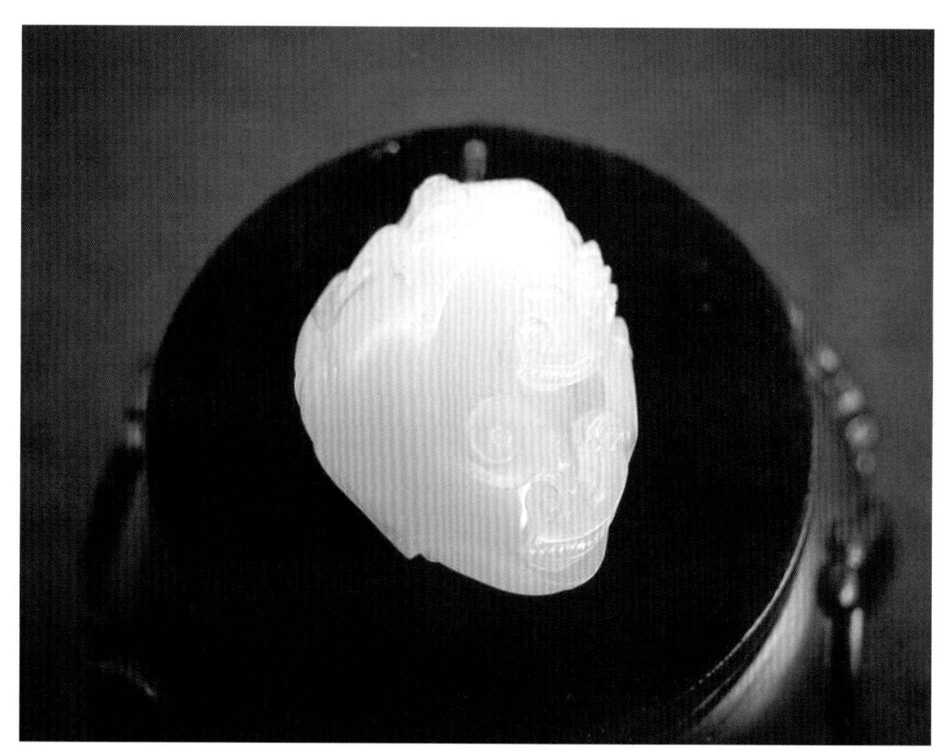

和田白玉雕件

出也好，深得宠爱，被列为珍品。和田玉按颜色不同，可分为白玉、青玉、墨玉、黄玉四类，其他颜色的和田玉也可归入此四类中。

1. 白玉

（1）白玉–羊脂白玉。属优质白玉，其颜色呈脂白色或比较白，可稍泛淡青色、乳黄色等，质地细腻滋润，油脂性好，可有少量石花等杂质（一般10%以下），糖色少于30%。羊脂玉因色似羊脂，故名。质地细腻，"白如截脂"，特别滋蕴光润，给人一种刚中见柔的感觉。这是白玉子玉中最好的品种，产出十分稀少，极其名贵。

（2）白玉。白玉的颜色由白到青白，多种多样，即使同一条矿脉，也不尽相同，叫法上也名目繁多，有季花白、石白、鱼肚白、梨花白、月白等。白玉是和田玉中特有的高档玉石，块度一般不大。世界各地软玉中白玉极为罕见。白玉子是白玉中的上等材料，色越白越好。光滑如卵的纯白玉子叫"光白子"，质量特别好。有的白玉子经氧化表面带有一定颜色，秋梨色叫"秋梨子"，虎皮色叫"虎皮子"，枣色叫"枣皮子"，都是和田玉的名贵品种。

（3）糖白玉。糖玉与白玉的过渡品种，其中糖色部分占30%~85%。

（4）糖白玉–羊脂白玉。糖白玉和羊脂白玉之间的过渡品种，其中糖色部分占30%~85%。

2. 青玉

青玉由淡青色到深青色，颜色的种类很多，有淡青、深青、灰青、深灰青等。和田玉中青玉最多，常见大块者。有一种翠青玉，呈淡绿色，色嫩，质细腻，是较好的品种。

（1）青白玉–白玉。青白玉以白色为基调，在白玉中隐隐闪绿、闪青、闪灰等，常见有葱白、粉青、灰白等，属于白玉与青玉的过渡品种，和田玉中较为常见。青白玉和白玉之间的界限难以划分时，或同一块玉石上有两种颜色时，可以采用过渡的方法描述定名。

（2）糖青白玉。带有很多糖色的青白玉，糖玉与青白玉之间的过渡品种，其中糖色部分占30%~85%。

（3）糖青玉。带有很多糖色的青玉，糖玉与青玉之间的过渡品种，其中糖色部分占30%~85%。

（4）翠青玉。青绿色至浅翠绿色品种，偶见于某些产地，也可以直接以青玉命名。

（5）烟青玉。烟灰色、灰紫色品种，偶见于某些产地，也可以直接以青玉命名，颜色深的品种应注意与墨玉的区别。

3. 黄玉

由浅黄到中黄等不同的黄色调品种，经常为绿黄色、米黄色，常带有灰、绿等色调。在具体鉴别中应注意与浅褐黄色糖玉的区别。

4. 墨玉

是灰黑至黑色软玉，致色因素是因为含有一定量的石墨包体。其墨色多为云雾状、条带状等，工艺名种繁多，有乌云片、淡墨光等。墨的程度强弱不同，深浅分布不均，多见于与青玉、白玉过渡，一般有全墨、聚墨、点墨之分。全墨，即“黑如纯漆”者，乃是上品，十分少见。聚墨指青玉或白玉中墨较聚集，可用做俏色。点墨则分散成点，影响使用。墨玉大都是小块的，其黑色皆因含较多的细微石墨鳞片所致。

按产状分类

按和田玉产出的情况，可分为山产和水产两种。明代著名的药学家李时珍在《本草纲目》中说：“玉有山产、水产两种，各地之玉多产在山上，于田之玉则在河边。”清代陈塍《玉记》中载：“产水底者名子儿玉，为上；产山上者名宝玉，次之。”可见，采玉者根据和田玉产出的不同情况，将其分为山料、山流水、子玉三种。子玉最为贵重，山流水次之，山料再次之。

1. 山料

山料又名山玉，古代叫“宝盖玉”，指产于山上的原生玉矿。山料的特点是块度大小不一，呈棱角状，表面粗糙，断口参差不齐。并且其内部质量难以把握，质地通常不如子玉。若与子玉相比，山料质地多数较粗，阴、阳面明显，内部结构显示的不同玉性明确。山料是各种工料的母源，不同的玉石品种都有山料，如白玉山料、青白玉山料、青玉山料等，品种最为齐全。

2. 山流水

山流水是一个颇有意境和诗意的名字，由采玉和琢玉的工匠们所起，指原生玉矿石经过风化剥落后，在经过流水冲刷搬运至河流中上游的玉石。山流水距原生矿床近，虽经历了冲蚀和搬运，但自然加工的程度有限，并未完全变成子玉，可以把它看做“子玉的妈妈”。山流水块度较大，常见呈片状，表面较光滑，经常在表面能看见沙滩般的水波纹表面，质地比较细腻、紧密，无尖锐的棱角。

在山流水中又有一部分被称为“戈壁料”，这是指玉石在戈壁滩上经过千万年的风吹雨打而形成。其中，有些是原生矿床出产的山料，由于地壳变动及其他大自然引力现象将其搬运到戈壁滩以后，长期受风沙冲击后形成的；有的是已经形成的籽料，受自然外力运动等被搬运到戈壁滩中，经受风沙的磨砺和水流的冲击而成。戈壁滩玉由于受到风沙、水流的长期磨冲蚀，失去棱角，表面凹凸不平却油亮光润，常常带有沙石冲击后留下的波纹面，表面有大小不等的沙孔。质地较为紧密、细腻、坚硬，颜色有白、青白、灰白、墨黑等。

3. 籽料

籽料又名子玉、子儿玉。籽料就是亿万年前火山爆发形成的，这种卵状的原生矿体存留在海底，后经地壳变迁，造山运动，新疆这块土地由大海变成了陆地，籽料也随之浮出水面，后分布在现代或古代的河床及河流冲积扇的阶地，玉石出露地表或埋于地下。这主要产于昆仑山水量较大的几条河流，如玉龙喀什河、喀拉喀什河、叶尔羌河以及这些河流附近的古代河床、河床阶地中。所以，籽料不是由山料经水冲刷而来，山料不是妈妈，籽料亦不是儿子，它们同样都是同一种矿藏中两个互不相干的原生矿体。

子玉是和田玉料中品质最好的玉种。从外形上说，籽料属于冲洪积型，出自

和田白玉手镯

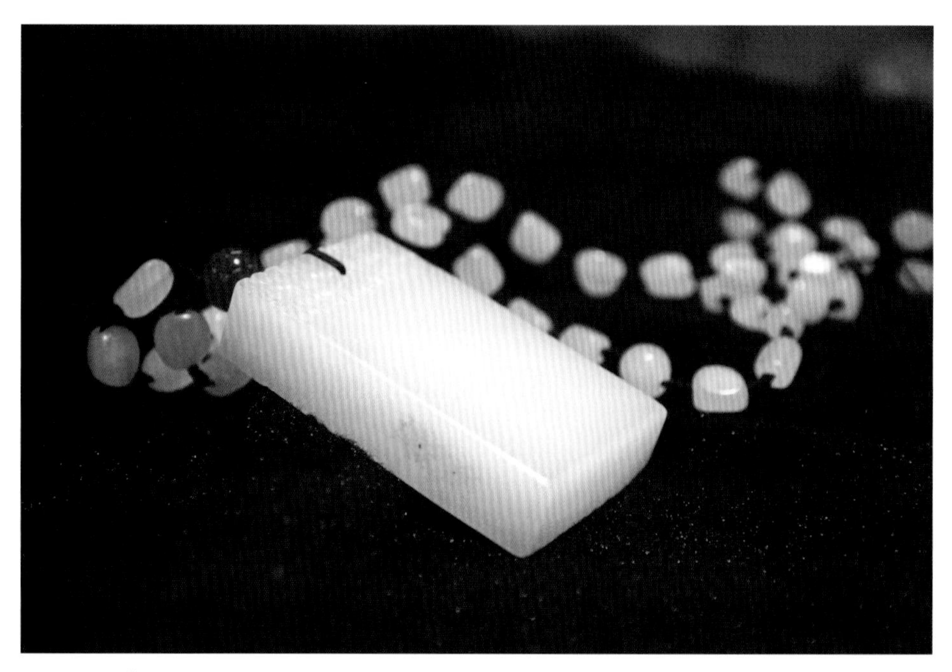

和田羊脂玉牌

和田白玉吊坠

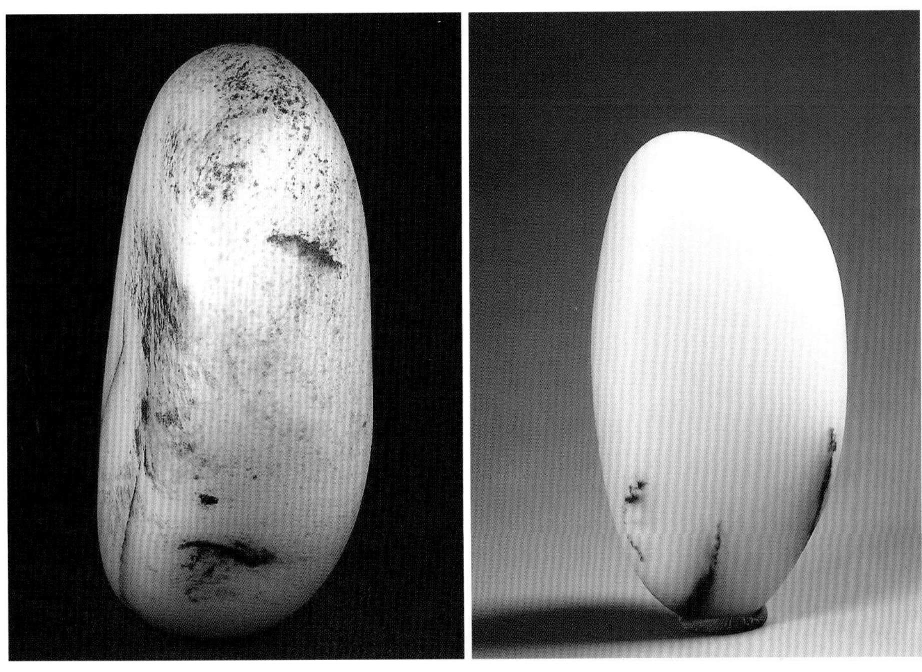
和田白玉籽料 1

和田白玉籽料 2

河流的中下游。千万年来由于风化剥蚀、流水侵蚀，一般块度较小，“如盘、如斗、如拳、如栗”，分量一般在几公斤左右，最小者仅如小指一般。表面光滑，无棱角，外形呈鹅卵状。从质地来说，子玉因经过了流水长距离和长期的搬运、冲刷、磨蚀，在这“大浪淘沙”中，玉石中最为致密坚硬的部分被保留了下来。所以子玉一般质量较好，质地细腻紧密，光泽温润、柔和，微透明，是和田玉中的上品，最具有收藏价值。

和田玉籽料原生皮色的特征主要表现在以下四个方面。

(1) 外形。和田玉籽料呈现浑圆状，磨圆度好，表面具有厚薄不一的皮壳，见磕碰的痕迹，如“指甲纹”浑圆状的籽料。“油性”好是由玉石细脉形成的。皮色是全包裹的，巧雕、人工处理和分割成小块的除外。皮子呈微透明，手捂住1~2秒，即可以看见表皮的“汗毛孔”。

(2) 颜色。和田玉籽料在河床中经过千百万年的冲刷和磨砺，会在质地松软的地方沁上颜色，在有裂隙的地方深入肌理。这种皮色是很自然的，叫做活

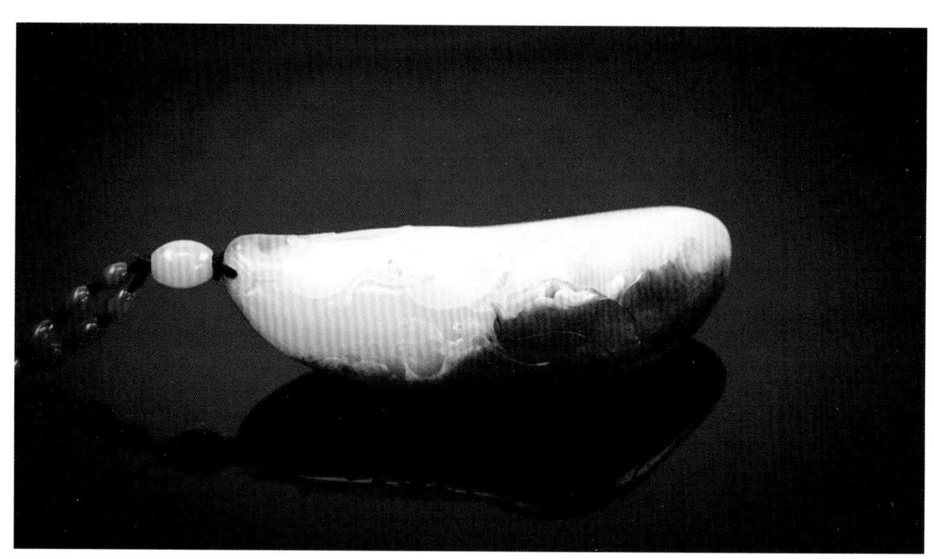

和田羊脂玉带糖皮玉雕吊坠

皮。颜色应是由深变浅，裂隙上的颜色则由浅至深，并且呈现褐色的松花状、水草状。

(3) 皮色。由于和田玉籽料的皮色是在原砾石表面缓慢形成的，是风化、水解作用以及大气循环等因素共同形成的，是分阶段的。因此，沁入和田玉内的颜色由深入浅，具有层次感，呈过渡渐变，皮和肉的感觉一致。

(4) 无皮色的和田玉籽料。无皮色的和田玉籽料多属于山流水料，肉色即是皮色，皮色即是肉色，可呈深浅不同的绿色。无论白玉或黄玉，其表面有一层包浆或沁色。

和田玉鉴赏

决定和田玉玉器原料价值的因素包括品质、产地、产出环境（产状）三个部分。这三个因素相互作用、相互影响，共同决定着玉器原料价值的高低。

1. 品质

品质等级作为相对价值的指标，品质和价值并没有一一对应的关系。和田玉的结构、透明度、光泽、绺裂、瑕疵等因素构成了和田玉的特征。由于组成和田玉的矿物颗粒较细，肉眼看不到，只有在显微镜下才能看出其晶形，一般呈纤维状、毛毡状交织在一起，因而其结构非常细腻，韧性好。影响和田玉品质的因素主要有质地、颜色、光泽及透明度、块度（重量）和形状五个方面。

(1) 质地。质地是指组成和田玉的矿物颗粒大小、形状、均匀程度及其相互关系的综合表现。高质量的和田玉要求玉石质地致密、均一、细腻，半透明或微透明，无或少有绺裂，洁净杂质少，瑕疵少。和田玉根据其质地的高低可分为特级、一级、二级、三级四个级别。

特级：质地细腻均一，油脂光泽强，半透明或微透明，基本无绺裂、杂质、瑕疵。

一级：质地细腻，油脂光泽强，半透明或微透明，绺裂、杂质、瑕疵少于

10%。

二级：质地较细腻，油脂光泽弱，透明度差或过于透明，绺裂、杂质、瑕疵少于30%。

三级：质地粗糙，蜡状光泽，透明度很差，绺裂、杂质、瑕疵大于30%。

仿和田玉籽料的鉴定

和田玉籽料仿制品的鉴定主要从颜色、光泽、外形、裂纹、硬度和韧性等特征以及仪器检测着手，主要有以下几个方面。

(1) 颜色主要是通过染色方法，利用无机和有机染料染色，颜色过于浓艳、漂浮、不自然，没有渐变过渡形态，沿裂隙或棱线分布富集。

(2) 两层颜色分布具有强烈的色差，一面为鲜艳皮色，一面是纯净肉质。

(3) 表面酸蚀层，常为白色或黄白色，与白色礓石类似，具有荧光反应，并可见蚀痕。

(4) 碰撞坑光泽与外部光泽不一致。

(5) 假和田玉籽料是把山料、青海料、俄罗斯料以及岫玉料等的下脚料小块，放入滚筒机内滚磨磨成卵形，酷似籽料，更有甚者把大块山料切割成小块料，再置于球磨机中进行磨光处理，用来仿和田玉籽料。所以，表皮上有一道道的擦痕，没有自然状态下的“汗毛孔”或“小砂眼”。或者外形过于完美，不自然，没有磕碰的痕迹。

(6) 表面可见磨砂、抛光的痕迹，硬度偏低。

总之，仿和田玉籽料的鉴定主要从肉眼观察鉴定、显微镜放大检查、实践经验等几个方面着手。对定性描述的颜色进行量化，通过化学实验和现代技术的测试和检验，比对实验结果，从定性和定量两个角度综合全面地判定和田玉籽料的仿制品。

（2）颜色。颜色是评价和田玉的重要因素，除白玉以外，其他七类要求颜色要从色调、浓度、纯度、均匀度四个方面进行观察分析。颜色色调要正，不偏色，无杂色；浓度的评价是对颜色色彩饱和度而言的，要求浓淡适宜；纯度的评价，一般是越纯正越好，偏色时则较差，如绿色，以正绿为最好，灰绿、蓝绿均较差；均匀度要求颜色要均匀一致。另外，和田玉常常出现两种以上颜色，如带有皮色、糖色时，颜色搭配好，俏色巧妙或新颖的，可使作品增色，甚至价值倍增。

特级：颜色色调正，无偏色，无杂色，颜色均匀，色彩要清爽、亮丽，饱和度浓淡适宜，俏色搭配合理。

一级：颜色色调正，稍偏色，无杂色，颜色基本均匀，色彩要清爽、亮丽，饱和度适宜，俏色基本搭配合理。

二级：颜色偏色，有杂色，不均匀，颜色色彩较暗淡，饱和度偏低，俏色基本搭配勉强。

三级：颜色明显偏色，颜色杂乱，不均匀，颜色色彩暗淡，颜色饱和度偏低，俏色基本搭配不合理。

俏色是玉雕工艺的一种艺术创造，是根据玉石的天然颜色和自然形体“按料取材”、“依材施艺”进行创作的，而创作受料型、颜色变化等多种人力所不及的因素限制。一件上佳的俏色作品的创作难度很大，其价值也很高。在评价俏色利用方面，可以根据一巧、二俏、三绝这三个层次分析。对颜色不协调、不伦不类的玉器进行评价时，要充分认识到那不是俏，反成为“拙”了，不但无增值，反而会贬值。

（3）光泽及透明度。和田玉有油脂光泽、玻璃光泽及蜡状光泽之分。其中，以油脂光泽最佳，可使玉石显得有温润感。其次是玻璃光泽，而蜡状光泽欠佳。上等的和田玉与翡翠不同，大多为油脂光泽。如油脂中透着清亮，则光泽为佳。和田玉一般透明度不高，多由半透明到不透明，可划分为半透明、微透明和不透明三级。多以半透明至微透明为佳。若呈蜡状光泽，透明度差或过于透明，则次之。

（4）块度（重量）。原料有一定的块度，越大越难得，价值也越高。同样质地、颜色的和田玉，大的价值高，小的则价值低，具体见下表。

和田玉的块度

级别	山料	子料
特级	>5kg	>2kg
一级	5~3kg	0.5~2kg
二级	3~0.5kg	0.5~0.1kg
三级	<0.5kg	<0.1kg

（5）形状。原料形状的好坏，对加工成品的选择会有限制，而且对原料的利用率也会有一定的影响，所以对价格也会产生一些影响，尤其是籽料，其形状好坏直接影响销售价格。一般来说，块度大、形状规则的原料，如方形、板状、近圆形等，就比较好；而片状、楔形、条形就不太好。

2. 产地

在确定和田玉的价值时，产地也起非常重要的作用。在宝石界，视产地为商标，对优质的玉料尤其重要，如不同产地的羊脂白玉，其价值也不同。目前，市场上销售的和田玉主要产自中国（主要包括新疆、青海、辽宁）、俄罗斯、加拿大、新西兰、韩国等国家。各地所产和田玉在矿物成分、结构构造、物理性质等特征上基本相同，仪器测试分析也几乎没有差别。只是由于矿物结晶颗粒粗细以及不同产地的和田玉中所含微量元素的不同，在某些感官特性方面，如颜色、透明度、质地等存在某些细微的差异。而不同产地的原料价格存在很大的差别。一般来说，在质地、颜色、块度等条件都相似的情况下，和田玉的市场价格高低依次为新疆料、俄罗斯料、青海料，正常情况下，原料价格前者比后者高或高出近十倍。

和田玉玉器的设计

好的和田玉原材料固然珍贵，但只有通过能工巧匠鬼斧神工般的琢磨之后才可以最大限度地表现其艺术价值与商业价值，正如和田玉商贸俗语所说“玉不琢，不成器”。在和田玉雕刻工作中，设计是第一重要的，是较为抽象的，是较高层次的升华。和田玉玉器是以天然产出的和田玉原石为原材料，经过人类的智慧和双手创造出来。它展现了玉雕师傅巧夺天工的高超技艺，表达创作者的思想情感，并有较高审美意义的静态视觉形象。它包含着深厚的祥瑞寓意，反映了社会生活、宗教信仰、民俗传统，映射出中华民族博大精深的文化内涵。

所谓设计，是总结寻找器物形成的规律，从而根据规律创造新的价值意义的方法。工艺设计是建立在物化和文化的双重价值中，通过物质器具来影响人们的精神和生活，从而形成了社会潜质文化的特征。和田玉玉器的设计主要包括创意和造型。如北京奥运奖牌的设计。因此，在和田玉玉器设计方面，应注意以下三点。

(1) 整体的设计要根据和田玉玉石的性质、形态、颜色等量料取材，以达到剜脏去绺、因材施艺、俏色巧用的意义。

(2) 受博大精深的和田玉历史文化影响，用和田玉设计题材时，要以鲜活、动感、自然为主，充分体现出和田玉的高贵、亲近以及生命感，如清代乾隆时期雕琢的大禹治水玉山。

(3) 和田玉玉器的造型要优美、自然、生动、真实、比例适当，整体构图布局合理，章法要有疏有密、层次分明、主题突出。

和田玉玉器的加工工艺

和田玉玉器的加工工艺指玉石成品的比例、线条流畅，雕刻抛光的精细程度等各种因素的综合。

1. 加工

玉器主要是由手工雕琢而成，玉石原料融入了雕刻大师的精雕细琢，其价值也大大提升。不同的玉雕人在制作工艺上是有差异的，其艺术价值迥异，有的可能价值连城，也有的可能成为废品，而同一玉雕师在制作过程中所付出的劳动量的多少和使用方法的不同，也会影响制作工艺的优劣，并直接决定玉器的价值。工艺的好坏直接决定着和田玉成品的价格，行内称“三分原料七分工”，好的玉料必须有好的工艺才能将玉石的完美充分体现出来。雕刻时，应注意玉雕饰品的图案、线条及比例是否和谐、统一，特别是一些人像、花卉等图案是否符合题材的表达要求，雕工是否简洁有力或圆润，线条是否大方、清晰、流畅和富有表达力。

2. 抛光

抛光是否精细、光滑、不刮手等直接影响着玉器的光泽，而和田玉的光泽对其价值的影响也是很大的。由于和田玉的美是一种天赋的自然之美，是由内向外透射的蕴藏深厚、柔和含蓄、魅力无穷的美，因此，和田玉能产生一种特殊的审美理念，其外表温和柔软，本质却坚刚无限。即和田玉需要表现的是温润和柔和，而不像翡翠一样晶莹剔透。抛光过程实际上是一种精细的研磨作业，涉及抛光剂、

和田白玉戒指

抛光工具和抛光的工艺。

现在玉石市场有一种观念，即带皮的玉才是好玉。有的消费者在购买玉石时，十分注重外皮，专挑带皮的买，这是否合适呢？首先我们应认清什么是和田玉的外皮？

从矿物学的角度讲，无论是玉的色皮还是原皮，只是和田玉的保护层，皮色是和田玉的外部特征。有关玉皮的说法概括有几种。

(1) 璞。古人把蕴藏有玉之石或未加雕琢之玉称之为璞。璞也有皮的含义。明代科学家宋应星的《天工开物》中记载："凡璞中藏玉，其外皮曰玉皮。"

(2) 沁或浸。有的专家学者把玉器经长期浸泡形成的不同氧化色称"沁"或"浸"，也有人把籽料次生氧化色称为沁色。

(3) 氧化作用。这是矿物学家的称呼，由于和田玉长期在河床中浸泡，玉中的氧化亚铁在氧化条件下转变成三氧化二铁。

大多数玉的皮，都是和田玉中的氧化亚铁经过长期浸泡等条件在籽料外部形成的各种皮色。这种皮色，其形状千姿百态，可以说无一相同。有的像云朵状，有的像弧线状，有的像散点状，或大或小，或圆或方，或长或短，或不规则；其颜色也丰富多彩，如秋梨皮、枣红皮、虎斑皮、葵花皮、洒金皮、乌鸦皮、鹿皮、桂花皮、芦花皮……真正懂和田玉的人，只会把玉的皮色视为美人之衣，恋花之蝶。把和田玉的皮色剥去，内在才是美玉。玉是体，皮是衣，先有体后有衣，皮是美化和田玉的装饰品，皮可以作为鉴别和田玉是籽料还是山料的标志。因此，和田玉的美主要在自身的"体"上，而不是皮。和田玉"有皮者价尤高。皮有洒金、秋梨、鸡血等名，盖玉之带璞者，一物往往数百金，采者不曰得玉，而曰得宝"。可见，璞玉即使在现代仍是很贵重的。璞玉的外皮，按其成分和产状等特征，可分为色皮、糖皮、石皮三类。

(1) 色皮：和田子玉外表分布的一层褐红色或褐黄色玉皮。如前述，玉皮有各种颜色。玉石界以各种颜色而命名，如黑皮子、鹿皮子等。从皮色可以看出子玉的质量，如黑皮子、鹿皮子等，多为上等白玉好料。同种质量的子玉，如带有

和田白玉手镯

秋梨等皮色，价值更高。玉皮的厚度很薄，一般小于1毫米。色皮的形态各种各样，有的成云朵状，有的为脉状，有的成散点状。色皮的形成，是由于和田玉中的氧化亚铁在氧化条件下转变成三氧化铁所致，所以它是次生的。有经验的拾玉者，到中下游去找带色皮的子玉；而往上游，找到色皮子玉的机会就很少。此外，在原生玉矿体的裂缝附近也能偶尔发现带皮的山料，这也是由于次生氧化形成的。

(2) 糖皮：指和田玉山料外表分布的一层黄褐色玉皮，因颜色似红糖色，故把有糖皮玉石称为糖玉。糖玉的内部为青玉或白玉。糖玉的糖皮厚度较大，从几厘米到20~30厘米，常将白玉或青玉包围起来，呈过渡关系，糖玉产于矿体裂隙附近。对且末县塔特勒克苏玉石矿糖玉的糖皮进行研究发现，为和田玉氧化所致。在偏光显微镜下观察，糖皮由透闪石微晶组成，呈壕状和交织纤维结构，单偏光下可见淡褐色铁质在透闪石中呈云片状分布。

和田白玉玉牌

(3) 石皮：指和田玉山料外表包围的围岩。围岩是一种透闪石化白云大理石岩，在开采时同玉一起开采出来，附于玉的表面，这种石与玉界限清楚，可以分离。当它经流水或冰川的长期冲刷和搬运后，石与玉则分离。围岩的另一种是透闪石岩。如和田玉在形成过程中交代了粗晶状的透闪石，由于交代不彻底，在玉的表面常附有粗晶透闪石，这种石皮与玉界限过渡。工艺界称玉的阴阳面，阴面是指玉外表的这种石质。

和田玉璞玉之所以贵重，一是因为色皮可以用做俏色玉器；二是因为玉的质量很好。俏色玉器制作，中国已有很久历史，直到现在，还利用色皮琢成各种玉器，使其更富有情趣。一些仿古制品中更为常见，如仿古玉杯和仿古玉佛手，利用秋梨皮和虎皮琢制，更显古色古香。

和田玉市场

1.“疯狂的石头”

随着生活水平的逐步提高，人们对首饰玉器的消费成为又一个消费热点。在这20年内，珠宝首饰行业的迅猛发展不容小觑，从产值1亿元发展到近1000亿元，这其中，和田玉和翡翠的表现最为抢眼。单看和田玉，其价格变化是一个不断攀升的过程。1980年，一级和田玉山料每公斤是80元，籽料每公斤是100元；到了1990年，山料每公斤攀升至300~350元，籽料则是每公斤1500~2000元；2002年，一级和田玉籽料的价格在2万元以上，3年后又升到了10万元以上，有的甚至达到每公斤上百万元的价格；2006年，一级和田籽料高达50万元，仅一年之隔就翻了5倍；2007年的和田白玉籽料则升至每公斤100万元，同年一块重量为1.1公斤的极品羊脂玉原石拍出了1100万元的天价。也正是如此，和田玉被众多收藏家们称为“疯狂的石头”。

2008年之后，人们对和田玉的投资逐渐冷静下来，更加趋于理性，于是价格的走势曲线得到了一个缓冲区间，这样的情况有利于收藏者入手。2009年之后，高品质的和田玉一路看涨，而品质较差的和田玉则逐步淡出市场。现如今，精品和田玉的价格已经比黄金高出40倍以上了。

2. 投资原则

投资和田玉与投资其他珠宝相同，首先要遵从精品原则。无论是大件还是小件，精品才有升值的空间，只有好的原料加上精美的雕工才称得上是完美的作品。精品和田玉即使短时间内价格没有明显的变化，也不会贬值，玉料和雕刻艺术价值一般的和田玉也有一定的升值空间，但浮动并不大。虽然近几年和田玉的价格猛涨，但依然属于长线投资。如今，在国际上和田玉并未被归入珠宝玉石之列，但随着收藏者对中国传统文化理解的逐步加深，和田玉的价值得到更广泛的认可，其价格也将随之而进一步体现出来。如此看来，和田玉走向国际虽无法在近几年内达到，但在将来必定可以实现。

和田白玉雕件和印章

中国三大名玉

岫玉

历史文化

中国对岫岩玉的认识和开发利用有着悠久的历史，在距今约6800~7200年的辽宁沈阳新乐文化遗址，就出土有用岫岩制作的刻刀。发现于辽宁朝阳和内蒙古赤峰一带、距今约5000年的红山文化遗址，亦出土有用岫岩玉制作的手镯等。河南安阳殷墟妇好墓出土的大量玉器和河北满城西汉早期中山靖王刘胜墓出土的"金缕玉衣"的玉片，也都有一部分是用岫岩玉制作的。《毛传》(《毛诗故训传》)有"琇莹，美石也"的记载。汉初《尔雅·释器》载有"东方之美者，有医无（巫）闾之珣玗琪焉"。普郭璞对其注释为:"医无闾，山名，今在辽东。珣玗琪，玉属。"

上述"琇莹"有可能是岫岩的古称，或由"岫岩"的同音转换而来，或以地名称玉石，故说"琇莹，美石也"。既然"医无闾"为辽东山名，"珣玗琪"又为"玉属"，无疑，作为"东方之美者"的"珣玗琪"就是辽东玉石"琇莹"了。

北京明代十三陵中的定陵也出土有蛇纹石玉制品，由于其物质成分、工艺美术特征等均与岫岩相似，故其玉石来源很有可能为岫岩玉。清代及近代用岫岩制作的艺术品则更为丰富，如北京故宫博物院就有收藏。

新中国成立后，国家于1957年在岫岩县北瓦沟一带建立了国营矿山。在生产过程中，北瓦沟露天采区于1964年自动滑落出一块体积为2.77×5.6×6.4立方米，重约260.76吨，以草绿色为主，透明度较高，有一半被滑石包裹着的巨大而完整的岫岩玉块，其制品“玉王岫岩玉大佛”现陈列于辽宁鞍山市玉佛苑。从20世纪70年代末至80年代，辽宁省地质矿产局、中国科学院贵阳地球化学研究所等单位对岫岩玉进行了系统的研究。迄今，岫岩玉的年产量约占全国玉石总产量的50%~70%，供应全国20多个省、市、区约200个玉雕厂使用。用岫岩玉制作的各种首饰和玉器不但销售于全国各地，而且在国际市场上也有良好的销路。

矿物特征

按矿物成分的不同，可将岫岩玉分为蛇纹石玉、透闪石玉、蛇纹石玉和透闪石玉混合体三种，其中以蛇纹石玉为主。通过显微镜、透射电子显微镜、X射线

岫玉玉雕摆件

衍射分析、差热分析等手段，亦可将岫岩玉分段划分为蛇纹玉、花色玉、绿泥玉三种。

蛇纹玉的矿物成分不尽一致，例如，绿色蛇纹玉，主要由利蛇纹石组成；黄色蛇纹玉，主要由利蛇纹石组成，也含有纤蛇纹石、叶蛇纹石；白色蛇纹玉，主要由叶蛇纹石组成；等等。

花色玉可分为花斑玉、花玉两种。花斑玉指在其白色中有较多的绿色斑块，绿斑由叶绿泥石组成，白色部分为透闪石。花玉指在其白色中有灰、黑、蓝紫色斑带，这种斑带由黑色矿物和菱镁矿组成，白色部分为叶蛇纹石。

绿泥玉呈墨绿、绿、浅绿色，主要由淡斜绿泥石组成。

结构

由于不同石的矿物成分及其成因、粒度大小、共生关系等方面的差异，因而岫岩玉的玉石结构亦颇有特色。经偏光显微镜观察，其中最重要的为细均粒变晶

岫玉玉雕摆件

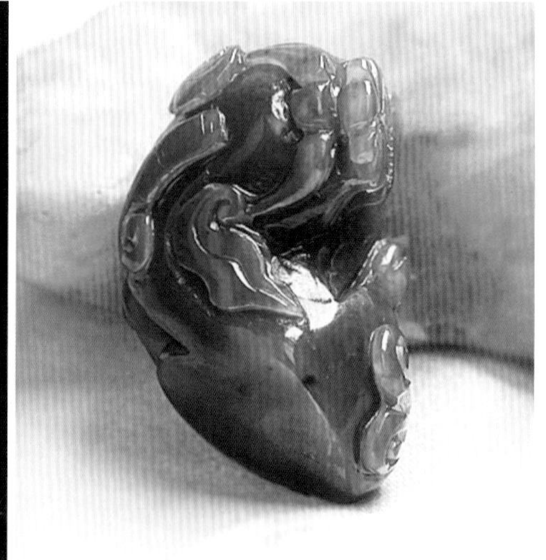

岫玉玉雕手玩件

结构，如蛇纹石玉的纤维鳞片变晶结构、透闪石的纤维柱状变晶结构、绿泥石玉的鳞片变晶结构等。交代结构在岫岩玉中亦普遍发育，其中常见的有交代残余结构、交代环边结构、交代溶蚀结构等。但据电子显微镜观察，岫岩玉主要为交织结构，其中的矿物相互穿插、交叉和镶嵌。这种结构发育得越好，矿物质粒度愈细、愈均一，则岫岩玉的硬度就越大。岫岩玉的构造主要为致密块状，优质玉石尤其如此。那些呈脉状穿插构造、片状构造、碎裂构造的玉石，质地较差或完全不符合质量要求。

颜色

岫岩玉的颜色有深绿、绿、浅绿、黄绿、灰绿、黄褐、棕褐、暗红、蜡黄、白、黄白、绿白、灰白、黑等色。如此丰富的颜色，使岫岩玉有极其美丽的“巧色”。颜色的深浅与铁含量的多少有关，含铁多时一般色深，反之则色浅。玉石还有强烈的蜡状光泽、玻璃光泽，有的显油脂光泽；微透明至半透明，少数秀明。其透明度与矿物成分和化学成分有关。当岫岩玉全部由蛇纹石组成时，其透明度高。如果其中有杂质含量达5%~10%，则透明度差。当岫岩玉中铁、镁含量高时，其透明度往往较差；反之则透明度会增高。其折射率1.49~1.57，硬度为4.8~5.5，密度为2.45~2.48克/立方厘米。

研究表明，其硬度与它本身的结构有关，平行纤维的切面比垂直纤维的切面硬度大。例如，其中的蛇纹石玉平行纤维方向的硬度为5.82，垂直纤维方向为5.61；绿泥石玉平行纤维方向的硬度为2.91，垂直纤维方向的为2.86；等等。不仅如此，岫岩玉的硬度还与其化学成分有关，如铁的含量愈大、镁的含量愈小，其硬度愈高。

在中国的已知玉中，岫岩玉为中档玉石，少数质地特别优良者属于中高档玉石。

化学成分

由于岫岩玉中不同玉种的矿物组成及其共生组合不同，因而其化学成分也有较大的差别：蛇纹石玉相对富镁、富硅、贫铝；透透闪石相对富硅、富钙、贫镁，绿泥石玉则相对贫镁、贫硅、富铝。蛇纹石由于与之共生的脉石矿的不同，因而化学成分也有所不同。一般质纯的蛇纹石玉的化学成分常接近蛇纹石矿物各种组分的理论含量，而共生有较多脉石矿物的质地较差的蛇纹石玉各种组分的含量则变化较大。如果富含硅酸盐矿物，则SiO_2、CaO含量增高，MgO含量降低。例如，含透闪石的透闪石蛇纹石玉含$SiO_2$56.8%、$MgO_2$4.36%、Cao12.70%、$Al_2O_3$0.51%、H_2O1.20%，等等。

研究表明，以上蛇纹石玉、透闪石玉、绿泥石玉的化学成分分别与叶蛇纹石、透闪石、叶绿泥石的单矿物理论组成分含量接近，特别是透明度好的蛇纹石玉则更接近叶蛇纹石的理论含量值。至于岫岩玉中的微量元素，蛇纹石玉以近矿的蛇

岫玉玉雕白菜

纹岩、菱镁岩含硼高（10~20倍）为特点。在其他可以检出的微量元素中，明显大于克拉克值的有砷、锑、镉、锗、银、锌，其含量与近矿围岩相近。总的变化趋势是，硼、铬、铜、锌的含量从矿体向围岩逐渐降低，其中明显地小于克拉值的是：铬少3倍，镍少1倍，钴少1倍。

岩石特征

1. 蚀变蛇纹岩

显微鳞片纤维变晶结构，叶蛇纹石结晶呈显微鳞片状，定向或杂乱分布，局部纤维蛇纹石密集。在叶蛇纹石四周，有时可见隐晶状胶蛇纹石分布。蛇纹石含量达98%，岩石多呈绿色、黄色及黄、绿掺杂，透明度高，具蜡状光泽。

2. 蚀变透闪石蛇纹岩

显微鳞片纤维变晶结构，叶蛇纹石结晶呈显微鳞片状、定向或杂乱分布，局部纤维蛇纹石密集，在叶蛇纹石四周透闪石有时呈束状、纤状分布，时而密集，时而疏散，颜色黄、绿及黄、绿掺杂，不透明至半透明状。

3. 蚀变菱镁矿蛇纹岩

显微鳞片纤维变晶结构，叶蛇纹石结晶呈显微鳞片状，定向或杂乱分布，局部纤维蛇纹石密集，在叶蛇纹石中有菱镁矿的残余，并可现菱形残晶结构，颜色黄、绿及黄、绿掺杂，不透明至半透明状。

4. 蚀变白云石蛇纹岩

显微鳞片纤维变晶结构，叶蛇纹石结晶呈显微鳞片状，定向或杂乱分布，局部纤维蛇纹石密集，在叶蛇纹石中有白云石的残余，并可现菱形残晶结构，颜色黄、绿及黄、绿掺杂，不透明至半透明状。

资源分布

岫岩玉分布于中朝地台辽东台隆营口—宽甸古隆起的西端，区内古老地层发育，构造复杂，变质作用强烈，为岫岩玉矿床的形成提供了良好的条件。玉石矿体主要呈透镜体状，赋存于古代辽河群大石桥组的富镁碳酸盐岩层中，受一定的层位控制，特别是其中的白云石大理岩——菱镁矿层为最主要的含玉层位。矿床在成因上属于层控变质热液交代型玉石矿床。

产量

岫岩玉在辽东半岛分布较广，产量较大。仅以岫岩县而论，其著名的北瓦沟矿区即为资源相当丰富、开采时间较长、年产量甚大的矿区。除此之外，在岫岩县境内还发现有10多处矿床或矿点。其他如宽甸、凤城、丹东等地，也发现有岫岩玉矿床、矿点或矿化线索，其含矿地层亦均为元古代辽河群大石桥组的富碳酸盐岩层。国家标准GB/T16552-1996“珠宝玉石名称”中的“岫玉”名称，专指带有地方性名称概念岫岩县产出的岫岩玉。

岫玉产于辽宁省岫岩满族自治县的哈达碑镇，距县城21公里，分布在北瓦沟、王家堡子一带。1992年哈达碑乡发现一块重达260.76吨的岫玉块体，辗转运抵鞍

岫玉吊坠

山市。1995年10月，雕刻者以精湛工艺雕成玉佛，1996年占地2万平方米的鞍山玉佛苑正式竣工，成为著名的旅游景观。1996年6月18日，哈达碑镇瓦沟村瓦沟山半山坡，发现 块露头高25米，最大直径30米，体积约2.1万立方米，重约60000吨的岫玉，是迄今世界上所发现的最大的岫玉。河流中的岫玉卵石称河磨玉，是一种品质上乘的玉料。

岫玉的品种

岫玉的品种主要根据其产地进行划分。

1. 岫岩玉

是产于辽宁省岫岩县的蛇纹石玉，历史悠久，量最多，市场上所见的岫玉大多产自此地。岫岩玉是以豆绿色为主色的多色玉石，属蛇纹石的变种闪化辉绿岩。岫岩玉质地细腻，硬度高。白色的岫岩玉称“白岫玉”，黄色的岫岩玉称“黄岫玉”。

2. 酒泉岫玉

产于甘肃省祁连山地区，又称祁连玉或祁连山玉，是一种含有黑色团块的暗绿色蛇纹石玉。酒泉岫玉多呈绿色，黑色条带状，半透明至徽透明，硬度较小。

3. 信宜岫玉

又称南方岫玉、南方玉，产于广东省信宜市境内。此地所产岫玉表面有深浅不一的绿色花纹，大多呈黄绿色、绿色，玉石表面有蜡状光泽。

4. 陆川岫玉

产于广西壮族自治区陆川县。玉石表面有浅白色的花纹。

5. 台湾岫玉

产于台湾省花莲县，常含铬铁矿等包裹体。玉石表面有暗绿色的条纹。

工艺精湛的岫岩玉雕

岫岩玉器生产初起于清乾隆年间，兴于道光、咸丰时期。新中国成立后，岫

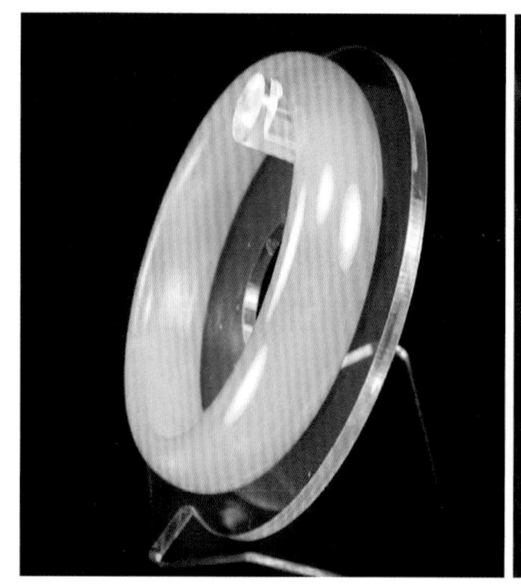

岫玉手镯

岩玉进入繁荣发展的新阶段，岫岩玉雕产业不断兴盛和发展壮大，岫岩也随之成为世界一流的产玉大县。现代岫岩玉雕工艺技术，深得京派玉作名师的真传，既借鉴南方工艺精华，又熔铸北方制玉特色，形成了具有中国特色的玉雕风格。

岫玉的价格一向比较低廉，同等大小规模的岫玉，价格不会超过独山玉。消费者在选购岫玉时要尽量挑颜色均一、鲜亮、柔美的，而且要注意有没有裂纹。除此之外，就是挑雕工了，出自大师之手的精美雕件同样具有很高的收藏价值。

独山玉

独山玉是中国四大名玉之一，因矿区地处河南南阳市北郊的独山，又称“南阳玉”。高档独山玉的翠绿色的品种，与缅甸翡翠相似，故有“南阳翡翠”之誉。据文字记载，南阳玉在汉代已开采。近年来考古出土的资料将南阳玉的开采推到商晚期以前。1952年李济在《殷墟有刃石器图说》中指出，“殷墟有刃石器凡四百四十四件，其中有玉器七件，而这七件玉器的质料全是南阳玉”。《安阳殷墟五号墓的发掘报告》中也指出，殷墟妇好墓中出土的七百余件玉器，其中四十余件标本经初步鉴定，“其多数与现代辽宁岫岩玉接近，少数与河南南阳玉接近，极个别的与新疆和阗（田）玉相似”。独山玉开采历史悠久，早在新石器时代晚期就已被采用。陕西神木石茆出土的新石器时代龙山文化玉斧及现陈列于北京市北海公园团城内的元代“渎山大玉海”，都是独山玉琢成的。独山玉的开采在汉代已有相当的规模，至今南阳独山还有1000多个古代采玉的矿坑，可见独山玉的开采历史悠久，规模之盛，品类之丰。

独山玉之名品

独山玉的名品也是不胜枚举，尤其是我国古代文明中举足轻重的玉器雕件。

1. 和氏璧

和氏璧是历史上著名的美玉，在它流传的数百年间，被奉为“无价之宝”的“天下所共传之宝”。1988年正式提出了和氏璧可能是独山玉的观点，时任中国宝玉石协会秘书长李劲松、著名宝玉石专家江富建教授均认同这一观点。

独山玉的主要矿物成分是斜长石，外表极易风化成璞。独山玉玉料以色带产出，即一块独山玉正面看是一层白玉，侧面看可出现呈带状分布的白玉、绿玉、紫玉等，和“侧而视之色碧，正而视之色白”对应。

2. 渎山大玉海

渎山大玉海是元世祖忽必烈在1265年令皇家玉工制成的，意在反映元初版图之辽阔，国力之强盛。它重达3500千克，玉料取自新疆。从玉器发展史看，确系里程碑式的作品。2004年5月25日，由亚洲珠宝联合组织20余位国内知名玉器、考古、收藏专家，用南阳宝玉石协会秘书长赵树林同志带去的200多块独山玉薄片，对制作于元代的“渎山大玉海”进行玉质对比鉴定，专家们经过仔细观察研究、反复对比，最后认定，“渎山大玉海”玉质为南阳独山玉。书法家王文祥先生为“渎山大玉海”题词：“沧桑渎山大玉海，天下古玉我为尊。伟哉酒量三百石，壮哉体重近万斤。天精地气亿斯年，钟灵毓秀铸我魂。元朝世祖忽必烈，回师送我大都门。几百工匠呕心血，精雕细刻五秋春。玉海佳酿香都城，广寒殿里宴群臣。清初不幸遭火焚，遍体鳞伤光泽陨。真武道人不识宝，浑作菜缸几十春。乾隆皇帝有慧眼，四次诰命修我身。几代君王竞折腰，中外蜚声争来朝。南阳飞来金翅凤，诸葛家乡出重宝。我本南阳独山王，七百年谜底揭晓。”

3. 九龙晷

1999年12月20日，为庆祝澳门回归而制作的南阳独山玉雕《九龙晷》。该作品设计风格新颖，构思独特，巧妙利用南阳玉特有的各种色彩，采取多种艺术表现形式和雕刻手法，使这件产品线条流畅，形神兼具，气势雄伟，颇具匠心九条盘龙形态色彩各异，相互缠绕，形象生动，栩栩如生。龙是中华民族的图腾，是自强不息、奋发进取民族精神的象征。“晷”，即“日晷”，是我国古代按照日影测定时刻的仪器，表达了澳门回归祖国普天同庆之意，九条盘龙环绕日晷。

矿物特性

独山玉与只有一种矿物元素组成的硬玉、软玉不同，是以硅酸钙铝为主的含有多种矿物元素的“蚀变辉长岩”，玉质坚韧微密，细腻柔润，色泽斑驳陆离，有绿、蓝、黄、紫、红、白六种色素。化学成分主要特点是SiO_2为41%~45%左右，Al_2O_3为30%~34%左右，CaO为18%~20%左右。这表明独山玉由钙铝硅酸盐类矿物组成。独山玉石矿还含有微量的铜、铬、镍、钛、钒、锰等。以细粒结晶为主；颗粒比较细，粒径小于0.05mm，隐晶质，质地细腻，坚硬致密；硬度为6.0~6.5，比重可达2.73~3.18g/cm，为透明至半透明状，具玻璃或油脂光泽。在显微镜下有黑色色斑，颜色不鲜艳，可见多种矿物包体。

1. 颜色

独山玉的颜色很复杂，单一色调出现的玉料不多，多由两种或两种以上色调组成，颜色产生常与所含$Cr3^{+}$、$Fe2^{+}$、$Mn2^{+}$、$V2^{+}$、$Ni2^{+}$等色素离子有关，且表现为依附于带色的各种蚀变矿物中，其中绿色同阳起石、铬云母、绿泥石有关，淡红色与黝帘石有关，黄色与绿帘石有关。独山玉颜色复杂多样，在玉石分布上表现为二：一是各色相互浸染交错，杂乱无章；二是大致呈平行带状展示，且有色相、浓度上表现为呈渐变的关系。

一般依据颜色不同，可以把独山玉划分成绿、白、紫、黄、杂色五大类，独山玉主要以绿色为主，绿色表现为两类：其一为透明度较好者，其颜色为暗绿色、蓝绿色、黑绿色，且蓝味较重；其二为不透明者，其绿色多为淡绿色、黄绿色，偏黄味。二者绿色欠正。独山玉颜色的杂乱给其选矿分级带来了困难，与翡翠相比，大多数颜色沉闷，优质料少，但是另一方面，由于独山玉色彩斑斓，白绿相间，又加以黄，黑、紫等色，极适合玉雕制作表现，若巧用俏色，可成为俏色优质产品。其中色鲜艳者亦可做首饰。

2. 质地

由于独山玉由多种矿物成分组成，与翡翠、软玉有相近的成分，所以它的质

献和氏璧者考

公据考证，献璧者卞和也是南阳镇平人，原因有四。

其一，南阳是楚重镇，镇平当时是楚邑，卞和是楚人，有居镇平的可能。

其二，卞和是识玉者，当时镇平玉人多，识玉者多。

其三，镇平历史上也曾有“骑帝山上多金山下多玉”的记载，春秋时镇平所用玉料，多属独山玉、蓝田玉、绿松石等。其中，蓝田玉和绿松石都与楚山、荆山较远，唯独山玉与楚山、荆山较近，卞和所得的玉有可能是独山玉或是镇平所产的某种玉。

其四，卞和姓卞，玉为和氏璧，镇平县至今仍有卞庄、和营两个自然村，其村民自称与卞和有亲缘关系，后来指出“和氏璧被加工成了玉玺代替丢失的夏鼎成为秦王朝的镇国之宝，那可能是南阳独山玉最辉煌的一段历史了”。

独山玉雕白菜

独山玉雕摆件

地近似于软玉和翡翠，具有坚韧、致密、细腻的性质。如脂白似白云，翠绿似翡翠。但总体来说，它的质地不如软玉和翡翠的质地洁净，显示了独山玉质地的复杂性。

3. 透明度

由于独山玉内部结构及组成成分的差异，它从半透明、微透明到不透明都可以见到。例如，同是白色，有透水白玉和干白玉。透水白玉透明度好，主要由粒度小于0.01毫米的斜长石组成，颗粒大小均匀，结构致密，质地细腻；而干白玉含有大量黝帘石，且粒度大，分布不均匀，质地粗糙。

4. 裂绺

独山玉中的裂绺有两种成因：一种是原生裂绺，因各种地质作用，将原石割裂成小碎块；另一种是开采加工过程中因受力作用而产生的次生裂绺，无方向性。裂绺影响玉石的自然块度大小和加工制作。

5. 杂质

独山玉中常分布一些污点或暗色矿物的零星残余，俗称“灰星”。若有“灰星”，对玉石工艺品的美观和洁净度都有影响。

独山玉分类

由于含有色矿物和多种色素离子，使独山玉的颜色复杂和变化多端。其中50%以上为杂色玉，30%为绿色玉，10%为白色玉。玉石成分中含铬时呈绿或翠绿色；含钒时呈黄色；含铁、锰、铜时，呈淡红色；含钛、铁、锰、镍、钴、锌、锡时，多呈紫色等。独山玉是一种多色玉石，按颜色可分为八个品种。

1. 绿独山玉

绿至翠绿色，包括绿色、灰绿色、蓝绿色、黄绿色，常与白色独玉相伴，颜色分布不均，多呈不规则带状、丝状或团块状分布。质地细腻，近似翡翠，具有玻璃光泽，透明至半透明，其中半透明的蓝绿色独玉为独山玉的最佳品种，在商业上亦有人称之为“天蓝玉”或“南阳翠玉”。

2. 红独山玉

又称“芙蓉玉”，常表现为粉红色或芙蓉色，深浅不一，一般为微透明至不透明，质地细腻，光泽好，与白独玉呈过渡关系。此类玉石的含量少于5%。

3. 白独山玉

总体为白色，乳白色，质地细腻，具有油脂般的光泽，常为半透明至微透明或不透明。依据透明度和质地的不同，又有透水白、油白、干白三种称谓，其中以透水白为最佳。白独玉约占整个独山玉的10%。

4. 紫独山玉

颜色呈暗紫色，质地细腻，坚硬致密，玻璃光泽，透明度较差，俗称有“亮棕玉”、“酱紫玉”、“棕玉”、“紫斑玉”、“棕翠玉”。

5. 黄独山玉

为不同深度的黄色或褐黄色，常呈半透明分布，其中常常有白色或褐色团块，并与之呈过渡色。

6. 黑独山玉

色如墨色，故又称“墨玉”。不透明，颗粒较粗大，常为块状、团块状或点状，与白独玉相伴。该品种为独山玉中最差的品种。

7. 青独山玉

青色、灰青色、蓝青色，常表现为块状、带状，不透明，为独山玉中常见品种。

8. 杂色独山玉

在同一块标本或成品上常表现为上述两种或两种以上的颜色，特别是在一些较大的独山玉原料或雕件上，常出现4~5种或更多种颜色，如绿、白、褐、青、墨等，多种颜色相互呈浸染状或渐变过渡状存于同一块体上，甚至在不足1cm的戒面上亦会出现褐、绿、白三色并存，这种复杂的颜色组合及分布特征对独山玉的鉴别具有重要的指导意义。

杂色独玉是独山玉中最常见的品种，占整个储量的50%以上。颜色好坏依次为纯绿、翠绿、蓝绿、淡蓝绿、蓝中透水白、绿白、干白及杂色。独山玉以色正、透明度高、质地细腻和无杂质裂纹者为最佳。其中，以芙蓉石、透水白玉、绿玉价值较高。此外，利用玉块不同颜色模仿自然制作的俏色玉雕获得好评。由于独山玉主要用于玉器原料，故块度越大越好，一般要求应大于1公斤以上，个别做首饰的特级品可以放低要求。

独山玉分级

同大部分玉石相似，独山玉的品质评价仍以颜色、透明度、质地、块度为依据，在商业上将原料分为特级、一级、二级和三级四个级别。高品质独山玉要求质地致密、细腻、无裂纹、无白筋及杂质，颜色单一、均匀，以类似翡翠的翠绿为最佳。透明度以半透明和近透明为上品，块度愈大愈好。

1. 特级

颜色为纯绿、翠绿、蓝绿、蓝中透水白、绿白；质地细腻，为无白筋、无裂纹、无杂质、无棉柳；块度为20公斤以上。

2. 一级

颜色为白、乳白、绿色，颜色均匀；质地细腻，无裂纹、无杂质，块度为20

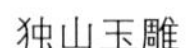

独山玉雕

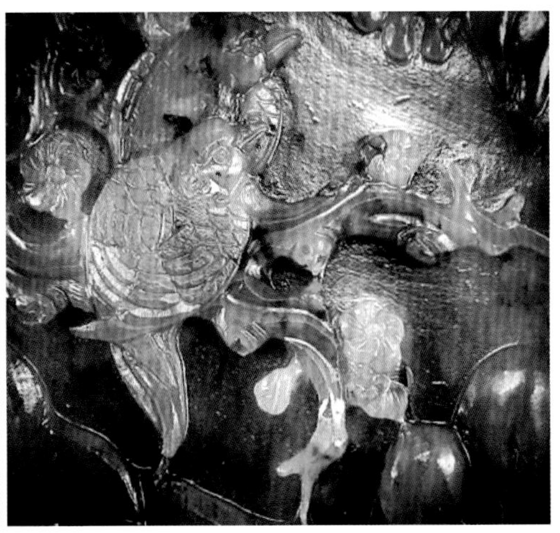

独山玉雕细节图

公斤以上。

3. 二级

颜色为白、绿，带杂色；质地细腻，无裂纹，无杂质，块度为3公斤以上；纯绿、翠绿、蓝绿、蓝中透水白、绿白，无白筋、无裂纹、无杂质，块度为20公斤以上。

4. 三级

色泽较鲜明，质地致密细腻，稍有杂质和裂纹，块度为1公斤以上。

独山玉的鉴别

独山玉特殊的结构特点和颜色变化，使它与别的玉石较容易区分。不过，某些颜色的品种有时与其他玉石相似。

1. 与翡翠的区别

大多优质独山玉细腻圆润，绿色者鲜艳迷人，从光泽、颜色等方面都可与缅甸翡翠媲美，又被誉为“南阳翡翠”。正因如此，在市场上独山玉也经常与翡翠相混，使消费者深感茫然。我们大多用如下方法来进行分辨。

（1）手掂相对轻。在密度上独山玉（2.73~3.18）相对要比翡翠（3.32）的小，

独山玉手镯

因此手掂起来独山玉相对要显得轻飘，翡翠则有沉重坠手感。

⑵ 看结构。独山玉主要是斜长石类矿物组成，主要是糖粒状的结构，表现为内部颗粒都为等粒大小；翡翠主要是由硬玉矿物组成，表现为典型的交织结构。利用侧光或透射光照明下，独山玉可以看到等大的颗粒；翡翠的颗粒则是不均匀的，而且互相交织在一起。

⑶ 看光泽。独山玉折射率变化大，但主要是在1.52~1.56范围，硬度6~6.5；翡翠的折射率相对要高，为1.66，硬度也相对要大，6.5~7；从表面光泽来看，翡翠要比独山玉显得更明亮一些，为玻璃光泽，独山玉则为玻璃或油脂光泽，表面也相对容易出现一些划痕或摩擦痕。

⑷ 看色调。独山玉是多色玉石，颜色多为条带状，由于主要是长石类矿物，尤其会显示一些肉红色或棕色，成为独山玉的特色色调，翡翠一般则不会出现肉红色。另外，独山玉的绿色色调偏暗，翡翠的绿色可以出现翠绿色，比较鲜艳。

2. 与白玉的区别

白独山玉易与外观相似的石英质玉石和软玉中的白玉相混淆。白玉的结构是毡状结构，非常细腻，光泽一般为玻璃或油脂光泽，这些和独山玉很容易区分。石英质玉石虽然也是粒状结构，但它的折射率和比重都明显低于独山玉，所以也很好区分。

收藏价值

专家指出，目前独山玉的价格还没有经过“爆炒”，存在明显的升值空间。近年来，包括独山玉在内的四大名玉的市场价格都上涨很快。七八年间，高档独山玉的价格已经上涨了5~6倍，一些精品的价格更是上涨了10倍以上。8年前，一只价值500元的独山翠玉镯，现在的价格至少是5000元。尽管如此，相对于和田玉、翡翠的价格来说，独山玉的价格还处于低位。目前市面上，一只好的翡翠玉镯或者和田玉镯都标价几十万元，甚至上百万元、上千万元，但是一只品相类似的独山玉镯价格只有几万元，相差几十倍甚至几百倍。因此，专家认为独山玉目前还处于价值洼地，它的升值空间还是很大的。

收藏投资注意事项

投资者如购买独山玉，需要认真鉴别。独山玉以色正、透明度高、质地细腻和无杂质裂纹者为最佳。其中，以芙蓉石、透水白玉、绿玉价值较高。此外，利用玉块不同颜色模仿自然制作的俏色玉雕也获得好评。

台湾籍资深收藏鉴定师丰先生对玉器收藏者说过这样一番话："独玉现在有料就是宝，而翡翠你有好的，人家还有更好的，几百元，几千元能买到有收藏价值的东西么？1万元以下的翡翠几乎完全一样的有成千上万件，根本没有收藏价值，

独山玉雕摆件

只不过是多年来炒作而成的高价玉石！'宝玉乃是通灵物'这句话的由来可以追溯到唐朝甚至更久远……而翡翠只有短短300年的历史，可见通灵宝玉并不是指翡翠。中国的玉文化已经有3000年的历史，独玉、和田玉、岫玉都是使用佩戴历史悠久的美玉，和田玉、岫玉现今储量仍很巨大，专家预计还能有400年以上的开采储备。而独玉自被发现以来产量就十分稀少，自古雕刻师对每块料都是仔细观察后才敢雕刻的，生怕浪费了一块好料。一块小料，做手镯前先要完整地挖出镯子心部分，然后保存好每小块料子，小的做小件，最小的做成珠子串项链，一点浪费都不允许有。翡翠的珠子可以成吨做，穿什么都行，而独玉的珠子根本没有卖的，因为它太珍贵了，根本不会把完整的玉料做成珠子来供做串挂衬托其他玉器的配件。"

蓝田玉

"沧海月明珠有泪，蓝田日暖玉生烟"，前半句里体现的是珍珠，后半句形容的正是如诗如画的蓝田玉。

悠远历史

在盛产蓝田玉的陕西当地还流传着一个关于蓝田玉的故事。蓝田在得名之前，不过是终南山古驿道上的一个小山庄。庄上有一个穷书生叫杨伯雍，他年轻好学，心地善良。当他看到过往旅客长途跋涉经过此地，缺少歇脚喝水的地方，便搭了一个蓬草凉亭，供过往旅客喝水用茶。他光棍一人，一干就是3年。一天，一个老汉身背碎石，因劳累过度，栽倒在凉亭前。杨伯雍急忙把老人搀扶起来，喂水喂饭，救了老人。杨伯雍问寒问暖，欲留老人多歇一个时辰。可老人说："有事在身，不宜久留。"然后把背的一斗碎石给伯雍，说："别看这些碎石头，你种在地里就会生出玉石，还能娶一个好媳妇。"不等杨伯雍答谢，老人便消失了。杨伯雍依照老人的叮咛去做，果然地里生出一斗玉石。后来，他用玉石做了5双白璧做聘礼，娶了一位善良贤惠的徐姑娘。但是这地方山多地少，遇到天旱，粮食减产，农民忍饥挨饿，苦不堪言。杨伯雍和妻子商量，便把自家的玉石分发给百姓下山换粮，以度灾年。穷山庄产玉的消息一传十，十传百，一时官匪勾结，把地里的玉石一劫而空，杨伯雍一家和村民的生活也成了问题。原来，杨伯雍救过的那老人不是凡人，而是太白金星。当他得知地里的玉石被官匪掠走后，便托梦给杨伯雍说："晴天日出入南山，轻烟飘处藏玉颜。"从此，只有知情人才在深山觅得宝石。

蓝田玉更是古代名玉，早在秦代即采石制玉玺。唐代及以前的许多古籍中都有蓝田产美玉的记载。据记载，唐明皇就曾命人采蓝田玉为杨贵妃制作磬（一种打击乐器）。《汉书·地理志》说美玉产自"京北（今西安北）蓝田山"。至明万历年间，宋应星在《天工开物》中称："所谓蓝田，即葱岭（昆仑山）出玉之别名，而

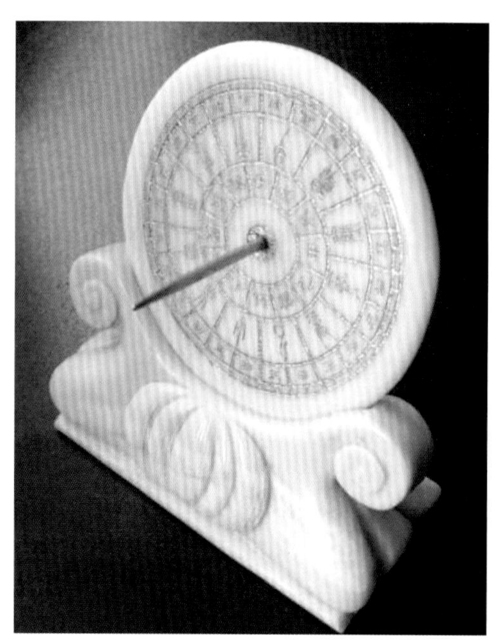

蓝田玉日晷

蓝田玉手镯

后也误以为西安之蓝田也。”

蓝田玉是由多种矿物质组成的，成分相当复杂，为细粒大理岩，主要由方解石组成。按矿物成分及外观特征，可将玉石分为五种：①白色大理岩；②浅米黄色蛇纹石大理岩；③黄色蛇纹石大理岩；④苹果色蛇纹石大理岩；⑤条带状透闪石化蛇纹大理岩。玉石呈白、米黄、黄绿、苹果绿、绿白等色，显玻璃光泽、油脂光泽，微透明至半透明。呈块状、条带状、斑花状，质地致密细腻坚韧。硬度3~4，密度约2.7克/立方厘米。有的品种遇盐酸能起泡。

真假鉴别

偏光显微镜下的陕西蓝田玉为蛇纹石化大理岩，方解石主要为粒状结构，叶蛇纹石主要为隐晶质结构、鳞片变晶结构；并可见蛇纹石交代大理岩形成的隐晶质结构，还可见含有晶形保存较好的透辉石、橄榄石及少量白云母等矿物。

电子探针结果表明，陕西蓝田玉的化学成分与方解石和叶蛇纹石的理论值非常接近，高含量组分是Si、Mg和Ca的氧化物，低组分含量主要是铁的氧化物、铝的氧化物，次为钾、钠、锰、钛、铬的氧化物，其中叶蛇纹石中铁的含量偏高。

X射线粉晶衍射测试结果表明，陕西蓝田玉中透明的黄色、绿色部分的主要矿物成分为叶蛇纹石，且含有少量方解石、白云石等，与辽宁岫岩玉相似，显示叶蛇纹石的特征图谱。

红外吸收光谱显示，陕西蓝田玉中透明的黄色、绿色部分的主要矿物成分除叶蛇纹石之外，还有少量的透辉石。

目前，蓝田玉已经不在高等宝玉石之列了，其价位也非常低廉，手镯几十元就可以买到真品了；要是雕工精美的大摆件，就根据其用料多少而定价。但是，蓝田玉在我国宝玉石史文化中的地位是相当高的。在故宫博物院珍藏的汉朝玉佩以及西安茂陵附近出土的西汉武帝的大型“玉铺首”就是由蓝田玉雕琢而成，温润细腻，颜色赏心悦目，雕工精美绝伦，实属珍品。

寿山石

中华瑰宝——寿山石，是传统“四大印章石”之一。寿山石在宝石和彩石学中，属彩石大类的岩石亚类，它的种属、石名很复杂，有100多个品种。主要出产于中国福建省福州市市郊北部30多公里的寿山乡、日溪乡、闽侯县等地。寿山村由群山所环抱，正是这些山头构成了寿山一道道亮丽的风景线。以寿山村为中心的“百里连亘”、“万山村立”的群峰里，主要有高山、旗山、旗降山、杜陵、善伯等。从高空俯视，一条美丽的线条——寿山溪镶嵌在寿山上，有“石帝”之称的田黄正是出产于寿山溪自身及周边。

由于寿山石“温润光泽，易于奏刀”的特性，很早就被用做雕刻的材料。1965年，福州市考古工作者在市区北郊五凤山的一座南朝墓中发掘了两只寿山石猪俑，这说明，寿山石至少在1500多年前的南朝已被作为雕刻的材料。元代篆刻家以叶蜡石做印材，使寿山石名冠“印石三宝”之首，登上文化大雅之堂。加上明、清帝王将相的百般青睐，从而形成寿山石雕刻艺术从萌芽到发展到鼎盛的一脉独特的民间工艺文化史，寿山石雕也成了上至帝王将相下至黎民百姓都喜爱的文化艺术珍品。

分类

以矿脉走向，可分为高山、旗山、月洋三系。因为寿山矿区开采得早，旧说的“田坑、水坑、山坑”，就是指在此矿区的田底、水涧、山洞开采的矿石。经过1500年的采掘，寿山石涌现的品种达上百种之多。寿山石已成为海峡两岸经贸往来、文化交流的重要桥梁之一。

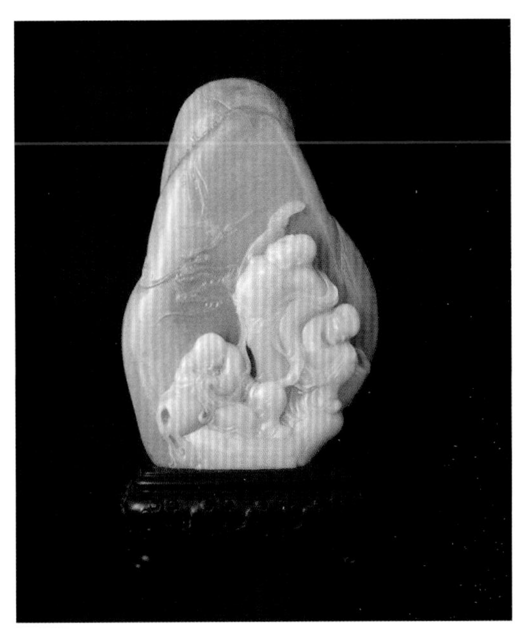
寿山石摆件

1. 田坑——产自寿山乡一带溪旁水田底所埋藏的零散独石

田黄石是田坑的简称，在地质学上称为“冲积型砂矿”。其外观特征：质地温润可爱，微透明或半透明，石肌里隐隐可现萝卜状细纹，颜色外浓而向内逐渐变淡，石表有时裹黄色、白色、灰黑色或黑色的（乌鸦皮）石皮，间有红色格纹。其品种主要按色泽区分，通常分为田黄石、白田石、银裹金石、红田石、绿田石、黑田石、田黄冻、硬田、搁溜田和溪管独石等。

寿山石雕件摆件

2. 水坑——产自寿山乡南面的坑头矿脉

由于矿体地下水丰富，矿石受其侵蚀，多呈透明状，富光泽。水坑诸石多出于此。水坑石的品种主要以每一块矿石的色相形似而区分。

（1）水晶冻。

（2）鱼脑冻，又称做白水晶、晶玉，产自坑头洞和水晶洞。

（3）黄冻。

（4）鳝草冻，又称做鳝脊冻、仙草冻，产自坑头洞和水晶洞。灰中带黄者为好。

（5）牛角冻，产自坑头洞，颜色有如牛角。

（6）天蓝冻，又称做蔚蓝天，产自坑头洞和水晶洞。

（7）桃花冻。

（8）瓜瓤红，又称做肉脂、坑头冻、西瓜水、小桃红，产自坑头洞，颜色红如桃花、白如玉。

（9）玛瑙冻。

（10）环冻，又称做豹皮冻，产自坑头洞、水晶洞，颜色灰绿褐色，有环状花纹，如豹皮。

（11）坑头石，产自坑头洞，坑头洞石除各种晶、冻以外，统称坑头石。

（12）掘性坑头。

（13）冻油石。

3. 山坑——产自寿山、月洋两个山村

山坑是分布最广、品种最多的石系。主要品种如下。

（1）高山石，产自高山各洞，颜色很多，有红、黄、蓝、白等色（红高山、白高山、高山冻、高山晶、太极头、掘性高山、玛瑙洞、荔枝洞等）。

（2）杜陵坑，又称做都灵坑、都成坑、都丞坑（黄杜陵、红杜陵、白杜陵、五彩杜陵、掘性杜陵、尼姑楼、蛇匏、善伯洞、碓下黄、掘性碓下）。

（3）迷翠寮，又称做美醉寮，产自都灵坑山顶，但质地细腻，质地莹澈不如都灵石，有黄、淡灰、藕粉红等色。

（4）芦荫，产自寿山乡，有黄、淡灰、淡黄、淡黑和白色。

(5) 鹿目格，也称做鸽眼红，红底有蓝白点，不透明。

(6) 月尾石，产自月尾溪（月尾紫、月尾绿、月尾冻、月尾晶）。

(7) 虎岗石（栲栳山、狮头石、花坑石）。

(8) 金狮峰，产自月尾溪对面山中，品种有房栊岩、鬼洞、野竹桁。

(9) 吊笕石，也称做豆耿，产自吊笕山，品种有吊笕冻、虎皮冻、鸡角岭。

(10) 连江黄。

(11) 山仔濑，又称做山井籁，产自日溪乡东坪村，有黄、红、白、黑等色。

(12) 柳坪石，产自寿山北十里柳坪乡，品种有柳坪紫、柳坪晶、黄洞岗。

(13) 猴柴磹（槟榔九茶岩、白九茶、豹皮冻、无头佛坑）。

(14) 旗降石，又称做奇艮石、奇岗石，产自寿山村北的旗降山（黄旗降、白旗降、紫旗降、银裹金李红旗降、金裹银旗降、掘性旗降）。

(15) 老岭石（老岭黄、老岭青、老岭晶、老岭通、大山通、豆叶青、圭贝石、墩洋绿、雄堆绿）。

(16) 旗山石（水洞湾、牛蛋黄、寺坪石、煨乌）。

真伪鉴别

寿山石品种繁多，色彩斑斓，不同的石种从外形、色泽至肌理，都有其独特之处。虽然上好佳品和粗劣下品之间有天壤之别，人们凭肉眼也能断其优劣，但是，假如把100多个寿山石品种全部集中陈列在一起，就是行家里手恐怕也得眼花缭乱，三思而慎言。尽管目前市面上常见的寿山石只有二三十种，但是，不乏色泽相近、品质相似、肌理相似者。再加上造假技术渗透其中，这就使寿山石的鉴别更加复杂。在这种情况下，掌握一定的鉴别知识就显得特别重要。在长期的实践中，笔者积累了一些鉴别经验，归结如下。

1. 外形

包括形状、棱角、皮相。如，田坑石无根而璞，无脉可寻，呈自然块状，无

寿山石雕件

寿山石雕件

寿山石摆件

明显棱角，有明显色皮。山坑石分布于寿山、月洋两个山村，石质因脉系及产地不同，各具特色，所以山坑石的名目特别丰富。凡坑头各洞出产的矿石，统称“水坑石”，由于矿体地下水丰富，矿石受其侵蚀，多呈透明状，寿山石中各种“晶”、“冻”多出于此。

2. 色彩

主要看色相色彩的分布情况，色彩结聚状态的表里情况。寿山石色彩多样，各种颜色均有，每个石种颜色都有规律可循。

3. 质感

眼睛看的感觉（观察石质表面和内部的纹理），上手摸的感觉（体会表面的质感），上手掂的感觉（体会重坠感，如水坑、老坑的石品手感发重），刀刻的感觉（吃刀难易，流畅与否，涩阻度等，寿山石吃刀流畅）。

4. 肌理

包括纹理、裂格（裂是有明显或不明显的缝隙，格是石本身固有的分隔线或纹线）。寿山石大部分都存在着格，有些石种有漂亮的纹理，如荔枝洞石的萝卜丝纹，大山石的波涛形纹理，山秀园的斑斓色块等。具备了基本的鉴别方法后，可对寿山石雕进行鉴别。

5. 综合

寿山石雕鉴别方法除了以上几点，还要看作品的创意度、雕工度、稀有度、知名度以及年代等，最后做综合评价，判断是否值得收藏，如投资性收藏，要做近期、远期收益判断。综合评价具有八品之一的就可以收藏了，如能兼具多品，更是世间宝物。这八品是：美品（美不胜收）；奇品（奇妙无比）；妙品（妙不可言）；绝品（不可多得）；神品（出神入化）；稀品（难以见到）；怪品（怪异多味）；极品（完美无瑕）。

寿山石艺术雕品

寿山石菩萨雕件

综合评价时，还要注意这样两点。

(1) 做旧判断。石雕是真实的，为了提高收藏价值，卖家故意对石雕表面做老化处理，弄得老气些。仿刻古人和现代名家的篆刻和雕刻作品，有的卖家明说是仿的，有的则说不知道，让你自己去判断，有的就说是真迹，还拿出某某评奖证书，欺骗性极大，是藏家必须注意的。

(2) 作色判断。市场上现存大量经过物理和化学处理过的石雕作品。物理法是用植物或矿物的天然色彩，对原石进行煮泡处理着色，这样处理过的作品往往能蒙蔽很多人的眼睛，甚至有些鉴定机构也被蒙蔽。化学处理的色彩比较容易判断，色彩鲜艳，感觉发愣。相关地域石与寿山石的区别，也是让收藏者最头疼的问题。

赏石

寿山石雕十分注重依石造型，因而有“一相抵九工”之说。赏寿山石重在“三看”，即收藏鉴赏寿山石雕时，应该有以下“三看”。

一看“因材施艺”是否恰当。寿山

石雕艺术最大的特点就是利用石料的天然色泽，雕刻出造型和色泽相适应的作品。我们在鉴赏和选购寿山石雕作品时要看雕刻艺人在“因材施艺”方面的独到功力，看看是否充分利用石质、石形、石色、石纹来确定相应的题材与造型，而不是牵强附会。

二看技法是否合理。寿山石雕已由古墓葬出土的文化中看到的极为简练的技法，发展为现代精细的高浮雕、透花雕和圆雕等。一件寿山石雕精品往往综合应用各种传统技法。

三看刀法是否充分。寿山石雕的技法，是通过刀法来体现的。寿山石雕的刀法具有独特的艺术风格，有简练的刀法，有朴茂的刀法，有浑厚的刀法，有秀凌的刀法。如薄意雕刻，花鸟雕刻，多用秀凌的刀法；如人物圆雕、古兽印钮等雕刻，则多用朴茂的刀法，它适于收藏家、鉴赏家拿在手上“把玩”，别有一番情趣。

总之，成功的作品是作者的艺术修养、雕刻技艺和实践经验等诸多综合能力及水平的反映。美的表现是和艺术家所能获得的思想力量成正比的，寿山石雕艺术正是如此。

寿山石印章

珍珠

对于珍珠，大家一定不会陌生，我们国家自古对珍珠的喜爱程度不亚于外国人对钻石的狂热，汤惠民老师也曾说过“如果钻石是宝石中的国王，那皇后就非珍珠莫属”。珍珠的英文名称为Pearl，是由拉丁文Pernulo演化而来的。它的另一个名字Margarite，则由古代波斯梵语衍生而来，意为“大海之子”。早在远古时期，原始人类在海边觅食时，就发现了具有彩色晕光的洁白珍珠，并被它的晶莹瑰丽所吸引，从那时起珍珠就成了人们喜爱的饰物。中国是世界上使用珍珠最早的国家之一，早在4000多年前的《尚书禹贡》中就有“河蚌能产珠”的记载，《诗经》和《周易》中也都记载了有关珍珠的内容。古时候人们把天然正圆形的珍珠称为走盘珠。珍珠、玛瑙、水晶及玉石并称为中国古代传统“四宝”。而现今不管是中外名人还是贵族，或是一般上班族，都买得起一条珍珠来佩戴。

珍珠的主要成分是$CaCO_3$（碳酸钙）和有机质，摩氏硬度仅为3，比重2.71，折射率在1.53~1.68之间。与之前提过的矿物晶体宝石不同，珍珠没有晶系、解理和断口，它是一种有机的宝石。

珍珠的形成原理

1. 外因

蚌的外套膜受到异物（砂粒、寄生虫）侵入的刺激，受刺激处的表皮细胞以异物为核，陷入外套膜的结缔组织中。陷入的部分外套膜表皮细胞自行分裂形成珍珠囊，珍珠囊细胞分泌珍珠质，层复一层把核包被起来即成珍珠。以异物为核的，称为“有核珍珠”。

2. 内因

外套膜外表皮受到病理刺激后，一部分进行细胞分裂而后发生分离，随即包被了自己分泌的有机物质，同时逐渐陷入外套膜结缔组织中，形成珍珠囊而后形成珍珠。由于没有异物为核，称为“无核珍珠”。现在人工养殖的珍珠，就是根据上述原理，用人工的方法，从育珠蚌外套膜剪下活的上皮细胞小片（简称细胞小片），与蚌壳制备的人工核一起植入蚌的外套膜结缔组织中。植入的细胞小片，依靠结缔组织提供的营养，围绕人工核迅速增殖，形成珍珠囊，分泌珍珠质，从而生成人工有核珍珠。人工无核珍珠，是对外套膜施术时，仅植入细胞小片，经细胞增殖形成珍珠囊，并向囊内分泌珍珠质生成的珍珠。

黑珍珠套装

珍珠的种类

1. 淡水珠

顾名思义，淡水珠就是养殖在湖或河里的珍珠，主要产自江苏、杭州附近的淡水湖泊，日本的琵琶湖里也有生产。淡水珍珠的形状不规则，很多都是椭圆的或是瘦细如大米粒般的，有时也会有扁平的甚至是三角形的，而正圆形的很少。这类珠的颜色也是多种多样，白色、乳白色、粉红色、金黄色和橘色都是比较多见的。目前，国内淡水珠产量巨大，所以价格相当便宜，在挑选的时候要选形状大小一致、瑕疵较少且皮光好的。通常，一串珍珠项链，因等级不同可以从几百元到三四千元。但是，要注意染色这一点，因为其价格低廉，因此许多被染成了各种各样的颜色来增加卖点，如果介意染色的话，在购买时要了解清楚才好。

2. 海水珠

与淡水珍珠相对应，养殖在海湾或海里的珍珠都叫海水珠，它又分两个大类——南洋珠和日本珠。

日本珠是人们最喜欢的珍珠之一，它的优点在于颜色白里透红，是结婚时新娘的最好配饰，它的大小一般不超过10mm。一串6~6.5mm，长度为40厘米左右的日本珍珠项链约人民币3000~7000元。直径大于8.5mm的日本珠本身就很稀少，价格也根据其本身的瑕疵度、皮光和颜色而定，通常在2万~3万元人民币。

南洋珠则主要产于太平洋一带，缅甸、菲律宾、印尼、澳大利亚、泰国等周边海域。南洋珠大小直径从9~18mm都有，颜色通常为银白、粉红、黄色与金黄色，最受人们喜爱的还要属粉红色。南洋珠的形状以不规则的居多，也有很多呈灯泡状的，若是水滴状的或梨形的就算比较理想，可以做成项链坠子或是耳环。而圆形和椭圆形是产出最少的，一颗正圆的14mm直径皮光带粉色的南阳珍珠要卖到8000元人民币是常见的，若是椭圆形的也要6000元上下。如果南洋珠皮光带了黄色，价格就会受到一定的影响，这与金黄色的黄金珠不一样，黄金珠是特别珍贵的。天然的黄金珠，直径在14~15mm之间的要4万元人民币左右，如果消费者在市面上看的价格过低，那就要考虑一下真假了。

3. 黑珍珠

高品质的黑珍珠多产自波利尼西亚群岛的大溪地，菲律宾群岛和冲绳岛也都有少量黑珍珠出产。大溪地的大小直径通常在8~11mm之间，超过12mm的就算很大的了。黑珍珠的形状大体上分为圆球形、梨形、不规则形和纽扣形，最难得也最受欢迎的当然是圆形，自然价位也高。黑珍珠和白珍珠的光泽不同，白珍珠如果光泽出众的话看起来是比较温润的，但黑珍珠要是光泽好的话就反光很强，可以映出周围的事物，犹如一面明镜。黑珍珠除了黑色之外也有灰色、绿色、蓝色和咖色的，色越黑价格越高，收藏价值也越大。

形状分类

1. 圆珠

指形态为圆形的珍珠，按圆度分为三种，即正圆珠、圆珠和近圆珠。正圆珠是圆度最好的，商业上俗称为走盘珠，最大直径和最小直径之差与平均直径之比小于1%；圆珠是形态很圆的珍珠，其直径差的百分比在1%~5%之间；近圆珠是形态上比较接近圆珠的珍珠，其直径差的百分比在5%~10%之间。

2. 椭圆珠

指形态为椭圆形状的珍珠，长短直径比大于10%。可进一步按长短直径差百分比分为短椭圆和长椭圆。短椭圆长短直径差的百分比为10%~20%；长椭圆直径差的百分比大于20%。

3. 扁形珠

指形态为扁平面形，有一面或两面的近似平面状，如扁圆形、扁椭圆形、饼形、菱形、方形等。

4. 玛比珠

是一种半边珍珠，也称Mabe珠、馒头珠、半圆珠。一般在采集完已养殖好的珍珠后，将预制的半边形的珠核插入贝壳的内壁，使凸面朝向珠母贝的套膜，平面贴紧珠母的壳壁。插好后再放入水中喂养，日积月累，珍珠层将外珠核一层一层地包起来形成半圆形。采集时将其同部分珠母贝壳壁一起提取出来抛磨成一件饰品，故其个体硕大。

玛比珠实质上是一种再生珍珠，在此之前，每个珍珠贝可先生产两粒圆形珍珠，而后可再养殖3~7粒玛比珠。澳洲玛比珠的产量和质量都很高，其特点是颗粒大、具极出色的光泽、纯净的银白色以及光滑的表面，最小的也有10mm，大的可至17mm或更大，有圆形、水滴形、椭圆形及心形等各种形状。目前，世界珠宝市场上十分流行玛比珠首饰，不仅是淑女贵妇们的佩饰宠物，而且用玛比珠创作的独特而优雅的珠宝饰物也受到了绅士们的特别青睐。

5. 异性珠

也叫异型珠。除圆珠、椭圆珠、玛比珠以外的其他形态各异的珍珠也为数不

黑珍珠

少，梨形、水滴形、米形、土豆形、豆形及其他形状的珍珠，商业上统称为异性珍珠。

珍珠鉴赏

1. 看光泽

所谓“珠光宝气”，光泽是珍珠的灵魂。无光、少光的珍珠就缺少了灵气。看光，应该将珍珠平放在洁白的软布上，能看到珍珠流溢出的温润的光泽；而迎着光线看，可以看到好的珍珠发出七彩的虹光，层次丰富变幻，还可以看到如金属质感的球面，甚至可以映照出人的瞳孔，特别明亮的可列入A级，稍次之为B级。

光泽级别质量要求：

极强A反射光特别明亮、锐利、均匀，表面像镜子，影像很清晰；

强B反射光明亮、锐利、均匀，影像很清晰。

黄珍珠套装

C反射光明亮，表面能见物体影像。

弱D反射光较弱，表面能照见物体，但影像较模糊。

2. 看圆度

“一分圆一分钱”，“珠圆玉润”，珍珠越圆越美，这很符合中国人的审美习惯。大颗粒、精圆的珍珠，显现出圆月的美感；再配合光泽，则营造出朦胧的意境美。以珍珠最长直径和最短直径差的百分比≤1%为正圆标准，1%≤直径差比≤5%为圆的标准，在5%~10%之间的为近圆。不过大多时候，用自己的眼睛就可以看出圆度来（具体见下表）。

珍珠圆度分级

形状规则	质量要求（直径差百分比%）
正圆A1	≤1
圆A2	≤5
近圆A3	≤10
椭圆B	>10，可以有水滴形、梨形
扁平 C	具有对称性，有一面或两面成近乎平面状
异形 D	形状极不规则，通常表面不平坦，没有明显对称性，可能是某一物体形态的相似性

3. 看瑕疵

表面痘、斑、印、坑、点越少越好，一般在0.5m外看不到瑕疵为可以接受的标准。A级的标准为100%表面光滑，肉眼近看看不出瑕疵。当然，用放大镜都难看出瑕疵的，那可是万里挑一的极品中的极品。

海水养殖珍珠光洁度级别：

无暇A：肉眼观察，表面光滑细腻，极难观察到表面有瑕疵。

微暇B：表面有非常少的瑕疵，似针点状，肉眼较难观察到。

小暇C：有较小的瑕疵，肉眼易观察到。

瑕疵D：瑕疵明显，占表面积的1/4以下。

重疵E：瑕疵很明显，严重的占据表面积的1/4以上。

4. 看大小

所谓“七分为珠，八分为宝”，一般6mm以下的珍珠不被列入珠宝级珍珠的范畴，7~9mm为消费者所普遍喜爱，10mm的珍珠已经难得，11mm以上的则只有南洋珍珠和黑珍珠有了。越往上，数量就越稀少，而价格则往往成倍的增长。以这个标准看，难度不大。

（1）一颗珍珠的成长时间。育苗：2.5~3年——珠母贝成熟。成长：2~3年——珍珠长成，约5~7mm。其中，珍珠质每天分泌3~5次，每次分泌覆盖的厚度仅0.3μm，养殖一年的珍珠层厚度只有0.3mm左右，要长到1mm厚，就需要大约3年，才能长成宝石级的珍珠。换句话说，养殖3年，就有上千层的珍珠质。

（2）在所有养殖的海水珍珠里面，能做珠宝首饰的仅仅占10%~15%，另外30%左右可以作为工艺首饰用，剩余的50%以上只能作为化妆品和药用。

（3）在1000颗统珠中（刚采收上来，未进行任何分类的珍珠称为统珠），最终被挑选出来做珍珠项链的：一等品，约2条；二等品，约8条；三等品，约15条。

（4）每一公斤珍珠可以串约22条珍珠项链；每条项链标准长度约为41cm。

（5）在1000颗统珠中，直径达到7mm以上、精圆、光泽绚丽、柔美、毫无瑕疵的完美级珍珠，或称AAA级珍珠凤毛麟角，有时甚至只有不到10颗；而稍逊者，即AAB级的也不会超过30~50颗。

5. 看颜色

这个要依个人喜好、肤色、服装、场合等的搭配，不一而足。一般白色最受欢迎，纯洁优雅，黑色神秘高贵，粉色纯洁浪漫，金色华贵雍容。

6. 看搭配

无论是串成珍珠项链，还是与金、银、钻石等宝石搭配镶嵌，都要讲求色泽、形状、意境等的和谐美。好的设计师会将情感、文化通过产品展示出来，而经验丰富、训练有素的挑珠技术人员会很好地将珍珠挑选、组合，这些是外行很难注意到的细节。作为珍珠达人，只要有一定的审美眼光和文化素养，以赏心悦目为标准，就可以看出搭配的优劣。

真假珍珠鉴别

1. 摩擦

两颗真珍珠互相轻轻摩擦，会有粗糙的感觉，而假珍珠则产生滑动感觉（但是不建议两颗真珍珠进行摩擦，因珍珠的表层很薄及脆弱，以免破坏珍珠的表皮）。

2. 钻孔

观察钻孔是否鲜明清晰，假珠的钻孔有颜料积聚。

3. 颜色

每一颗珍珠的颜色都略有不同，除了本身色彩之外还带有伴色，但假珠每一颗的颜色都相同，而且只有本色，没有伴色。

4. 冰凉感

珍珠放在手上有冰凉的感觉，假珠则没有。

5. 形状

珍珠的形状都是天然生成，但是假珠一般非常正圆，是机器所成。结合线：在珠母和外附珍珠层间有一条褐色的结合线。从珍珠钻孔的地方向内观察清晰可见。内核条纹：有核养殖珍珠中的珠母上，有透明度不同的条纹，所以将有核养殖珍珠放在暗处，用强光透射，可以看到明暗不同的条纹。而天然珍珠和无核养殖珍珠则无此现象。表面丘疹：有核养殖珍珠和天然珍珠一样，可以见到隆起的小疤或两粒小珠摩擦时有砂粒感。这些特点是和仿制珍珠的区别。

如何保养珍珠

珍珠含有机制的碳酸钙，化学稳定性差，可溶于酸、碱中，日常生活中不适宜接触香水、油、盐、酒精、发乳、醋和脏物，更不能接触香蕉水等有机溶剂；

夏天人体流汗多，也不宜戴珍珠项链，不用的时候用柔软微湿的干净棉布擦拭干净风干保存，不可用任何清洁剂清洗；不可在太阳下暴晒或烘烤；收藏时不能与樟脑丸放在一起，也不要长期放在银行的保险库内。珍珠的硬度较低，佩戴久了的白色珍珠会泛黄，使光泽变差，可用1%~1.5%双氧水漂白，要注意不可漂过了头，否则会失去光泽。

1. 防酸侵蚀

为使珍珠的光泽及颜色不受影响，应避免让珍珠接触酸、碱质及化学品，如香水、肥皂、定型水等。不要佩戴珍珠首饰游泳或洗澡。所以在化妆之后再戴上你可爱的珍珠。

2. 远离厨房

珍珠表面有微小的气孔，所以不宜让它吸入空气中污浊物质。珍珠会吸收喷

黄珍珠

发胶、香水等物质，所以切勿穿戴漂亮的珍珠去烫发。在厨房里也要小心，不要穿戴漂亮的珍珠煮菜，因蒸汽和油烟都可能渗入珍珠，令它发黄。

3. 羊绒布伺候

每次佩戴珍珠后（尤其是在炎热的日子），须将珍珠抹干净后放好，这样能保持珍珠的光泽。最好用羊皮或细腻的绒布，勿用面纸，因为有些面纸的摩擦会将珍珠磨损。

4. 不近清水

不要用水清洁珍珠项链，因为水可以进入珠的小孔内，不仅难于抹干，可能还会令里面发酵，珠线也可能转为绿色。如穿戴时出了很多汗，可用软湿毛巾小心抹净，自然晾干后放回首饰盒。珍珠变黄以后，可以这样补救：用稀盐酸浸泡，可溶掉变黄的外壳，使珍珠重现晶莹绚丽、光彩迷人的色泽。但如果颜色变黄得厉害，则难以逆转。

5. 需要空气

不要长期将珍珠放在保险箱内，也不要用胶袋密封。珍珠间需要新鲜空气，每隔数月便要拿出来佩戴，让它们呼吸。如长期放在箱中，珍珠轻易变黄。

6. 避免暴晒

由于珍珠含一定的水分，应把珍珠放在阴凉处，尽量避免在阳光下直接照射，或置于太干燥的地方，以免珍珠脱水。

7. 防硬物刮

要把珍珠首饰单独存放，以免其他首饰刮伤珍珠皮层。如果将珍珠项链戴在衣服上面，衣服的质地最好是软滑些的，太粗糙的料子可能会划损你的贵重珍珠。

琥珀

和珍珠一样，琥珀也是有机宝石的一种。琥珀是3000万~6000万年前的树脂被埋藏于地下，经过一定的化学变化后形成的一种树脂化石，是一种有机的似矿物。琥珀的形状多种多样，表面常保留着当初树脂流动时产生的纹路，内部经常可见气泡及古老昆虫或植物碎屑。

琥珀作为一种古老的宝石饰品材料有近6000年的历史。在中国、希腊和埃及的许多古墓中，都曾出土过用琥珀制成的饰品。古罗马的妇女有将琥珀拿在手中的习惯，其原因是琥珀受热后能发出一种淡淡的优雅的芳香。古罗马人赋予琥珀极高的价值，一个琥珀刻成的小雕像比一名健壮的奴隶价值都高。琥珀还能消痛镇惊，有的地方常给小孩胸前挂一串琥珀，以驱邪镇惊。

琥珀的硬度很低，在摩氏硬度2~3之间，比重仅有1.05~1.12，是非晶质，无解理无断口。在形成时常会包裹昆虫，以蝇蚊蚁类为多，比较稀罕的是蝎子，其内部所含的昆虫越多，价值越高。主要产地在波罗的海、中国、罗马尼亚、意大利和缅甸。未经加工的琥珀具有树脂光泽，抛光后向玻璃光泽靠拢。

分类

按琥珀的透明度来划分，可分为透明琥珀、不透明琥珀，以及介于二者之间的花琥珀。不透明的琥珀，传统上称之为“密蜡”，我们还常碰到有关琥珀的其他名称。

老蜜——指出土年代久远的不透明琥珀，红橙色。

血珀——指出土年代久远的透明琥珀，颜色如同高级红葡萄酒的颜色。

骨珀——指白色的琥珀。

金珀——指金黄色透明的琥珀。

蜜蜡——半透明至不透明，可以呈各种颜色，以金黄色、棕黄色、蛋黄色等最普遍，有蜡状感，光泽有蜡状—树脂光泽，也有呈玻璃光泽的。

金绞密——指透明的金珀和半透明的蜜蜡互相纠缠在一起的琥珀。

香珀——指具有香味的琥珀。

琥珀家族

虫珀——指包有动植物遗体的琥珀。

石珀——指有一定石化程度的琥珀，硬度比其他的大。

天然琥珀与人造琥珀的鉴别

（1）质地。天然琥珀质地很轻，当你把它（无任何镶嵌物的）放入水中时它也会沉入水底。但是不用担心，再将溶解的浓盐水加入其中，当盐的浓度大于1:4时（1份盐，4份水）真琥珀就会慢慢浮起，而假琥珀是浮不起来的。

（2）声音。无镶嵌的琥珀链或珠子放在手中轻轻揉动，会发出很柔和略带沉闷的声音。如果塑料或树脂的琥珀，声音会比较清脆。

（3）香。未经精细打磨的琥珀原石，用手揉搓生热后可以闻到淡淡的特殊的香气，白蜜蜡的香气比其他普通琥珀的香气略重，因此称为“香珀”。一般来说，经过人工精细打磨抛光或者雕刻的琥珀，很难通过手摩擦闻到香气。

（4）眼观察。这是鉴别真假琥珀的绝招：真琥珀的质地、颜色深浅、透明度、折光率等会随着观察角度和照度的变化而变化。这种感觉是任何其他物质所没有的。就像我们识别真假人，比如高超的艺术家能制造出惟妙惟肖的人物蜡像，“以假乱真”只是说说而已，再好的蜡像也逃不脱我们的眼睛。真琥珀透明但很温润，不像玻璃、水晶、钻石那样无遮拦地具有通透性。假琥珀要么很透明要么不透明，颜色发死、发假。另外，假琥珀内部的人工制作很刺眼，会感觉到是死气沉沉的冷光。

（5）紫外线照射。将琥珀放到验钞机下，它上面会有荧光，淡绿、绿色、蓝色、白色等，而假琥珀则不会变色。

（6）摩擦带静电。将琥珀在衣服上摩擦后可以吸引小碎纸屑。

（7）手感。琥珀属中性宝石，一般情况下都不会过冷或过热。而用玻璃仿制的会有较冷的感觉。

（8）热试验。将针烧红刺琥珀的不明显处，有淡淡松香味道。电木、塑料则

血珀、花珀、黄糖色琥珀（从左至右）

琥珀

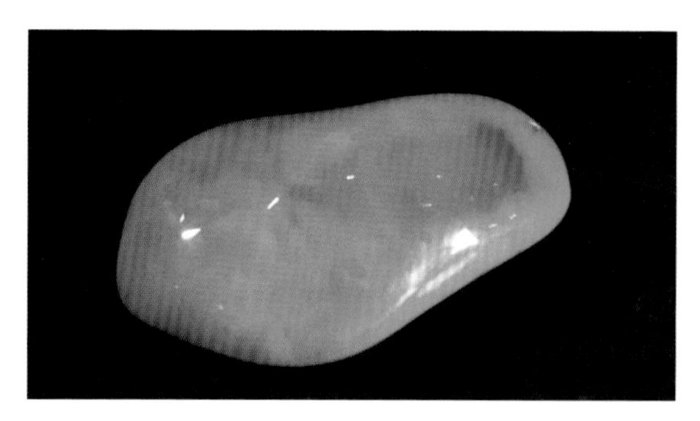

蜜珀

发出辛辣臭味并粘住针头（友情提醒：太热会在琥珀表面留下黑点，影响美观）。

（9）刀削针挑试验：裁纸刀削琥珀会成粉末状，树脂会成块脱落，塑料会成卷片，玻璃是削不动的。用硬针与水平线呈20~30度角刺琥珀，会有爆碎的感觉和十分细小的粉渣，如果是硬度不同的塑料或别的物质，要么是扎不动，要么是很粘的感觉甚至扎进去（友情提醒：此试验会对你的首饰带来损伤，挑掉切掉的地方只能找专业人员修补，最好是不做或是少做，以免对琥珀造成损坏）。

（10）洗指甲油的药水。用棉签擦点洗指甲油的药水，反复擦试琥珀表面，没有明显的变化。塑料和压制琥珀都没变化，但是树脂和柯巴脂因为没有石化就会被腐蚀而产生粘粘坑，将松香放入药水中浸泡，它会慢慢融解

琥珀

(友情提醒：有的琥珀外有层上光物质，在药水擦拭下会变成白斑，但这层白斑可用指甲刮去露出琥珀表面，将药水擦拭在它上面再不会有任何的变化。药水对琥珀仍会有18%~20%的溶解度，泡久表面可能变得雾蒙蒙的)。

(11) 眼观鳞片。这是镶嵌琥珀辨认的最主要方法。爆花琥珀中一般会有漂亮的荷叶鳞片，从不同角度看它都有不同的感觉，折光度也不会一样，散发出有灵性的光。假琥珀的透明度一般不高，鳞片发出死光，不同角度观察都是差不多景象，缺少琥珀的灵气。假琥珀中鳞片和花纹多为注入，所以大多一样，市面最常见的是红鳞片。

(12) 眼观气泡。琥珀中的气泡多为圆形，压制琥珀中气泡多为长扁形。

(13) 花钱做鉴定。拿到CMA珠宝鉴定中心去测折射率、密度等。

市场行情大公开

天然琥珀价格一直比较稳定，一般以克计价，1克约120元，一条项链可以从3000~5000元不等，手链也要300~880元不等。琥珀品种中，最珍贵稀有的蓝珀市场价要每克300元人民币上下，而一串假的琥珀手链100元以下就可以买到。消费者在购买时可以多进行对比，在挑选珍珠项链时要挑大小与色调一致的，如果是雕件的话，就要选择雕工细腻质地均匀的，选到自己心仪的琥珀并非难事。

如何保养琥珀

琥珀硬度低，怕摔砸和磕碰，应该单独存放，不要与钻石和其他尖锐的或是硬的首饰放在一起。琥珀首饰害怕高温，不可长时间置于阳光下或是暖炉边，如果空气过于干燥易产生裂纹。要尽量避免强烈波动的温差。尽量不要与酒精、汽油、煤油和含有酒精的指甲油、香水、发胶、杀虫剂等有机溶液接触。喷香水或发胶时要将琥珀首饰取下来。

琥珀与硬物摩擦会使其表面出现毛糙，产生细痕，所以不要用毛刷或牙刷等硬物清洗琥珀。当琥珀染上灰尘和汗水后，可将它放入加有中性清洁剂的温水中浸泡，用手搓干冲净，再用柔软的布擦拭干净，最后滴上少量的橄榄油或是茶油轻拭琥珀表面，稍后用布将多余油渍沾掉，可恢复光泽。最好的保养琥珀的办法是长期佩戴，这是因为人体油脂可使琥珀越戴越光亮。

天珠

天珠产自西藏自治区，是玛瑙的一种，亦被称为西藏天珠。“天珠”一词是传神之译名，藏文音译为“思怡”，意为庄严、富足、具得、高贵、优雅。据说，天珠是神仙佩戴的装饰物，每当珠子破损或稍有损坏，就把它们贬降到人间，被

三彩天珠

藏人发现。所以在藏人心目中，天珠是活的。

它最早起源于藏民族对灵石的崇拜。卡若遗址、藏北那曲、双湖登地区曾发现了多处旧石器时代的遗址，这完全打破了藏民族是外来迁徙的传说。考古证明，藏族人民早在旧石器时代和新石器时代就创造了璀璨的史前文明，并在现在的无人区等地方繁衍生息了。

天珠缔造了古老的文明，是藏民族对天神崇拜的圣物，更是作为殊胜的供佛圣物世代相传。天珠承载着日月的精华，生生不息；天珠记载了生命的轮回，证明了大成就者的功德。天珠作为供佛圣物与护身的法器，穿越于人类历史时空。

从科学上讲，天珠属于沉积岩之一种，含有玉质及玛瑙成分，红色的磁波最强，是一种稀有宝石。其组成颗粒为1/256公厘，主要由黏土固结而成的薄页片状岩石。天珠的色泽可分为黑色、白色、红色、咖啡色及绿色等，页岩颜色因所含化学物质而不同，如含氧化铁者呈红色，含氢氧化铁者呈微黄色，含炭质则呈灰黑色。

黑天珠

天珠的图腾

天珠上的图腾是其最神秘也最吸引人的地方，这里面学问也是颇深的。

天者圆也，如来智慧德相，形同上天部（金刚界）的符号。地者方也，众生之根基，形同大地之母（胎藏界）的符号。“方圆”即是宇宙（上下四方，周而复始），也就是佛教密宗的坛城。也就是说，筑方圆的佛坛，并以图腾意念的方式，来表现宇宙的景观和诸佛菩萨的境界视为（果位）之义。同时，随着受教者的祈同而经现，谓之“授证”，即“皈依”之意。

天珠的图案造型，则是沿袭古印度婆罗门教的护摩法（Home），而附与密宗“五轮法界塔”的象征意义。基本的护摩法如下：

宝珠·敬爱，成就权威名望。

半月·铭召，唤起精神意识。

三角·降伏，降伏魔障敌人。

大圆·息灾，平息灾难罪障。

方形·增益，境长福德智慧。

由此观之，此与道家“阴阳五行”之说相通互融，为天地万物一切的根本。仅就科学的观点而言，如同IC电路面板，势必要透过图案造型的程式设计，作为传达信息的媒介，才能发挥出应有的功能。同样的原理，天珠本身的图腾意念，就是一套方程式，也就是宇宙能量磁场的符号。天珠是藏民心中至高无上的信物，按上面图像眼的多少来区分其珍贵程度，如果达到九眼，便叫九眼石，那便是相当珍贵的了。

辨别真假天珠

据传统藏医的记载，真正的至纯老天珠除可增加人体免疫力外，对预防中风颇有功效。然而，因真正的“至纯老天珠”的数量是固定且极为稀有的，不像钻石、宝石等可以开矿取得。在天珠供需严重失调及信息不足的情况下，市面上出现了大量的仿制天珠。这些仿制的天珠被人称为“新天珠”，材质有便宜的树脂、蛇纹石、玻璃到稍微昂贵一点的镶蚀玛瑙。新天珠花纹多，由化学药品侵蚀而成，有的造价甚至不及卖价的1/4。在鱼目混珠状况非常严重的当下，能持有真正的“至纯老天珠”是需要福报及缘分的。

(1) 古沉、色泽分明、纹路清楚、呈椭圆、肥大之天珠为最佳。

(2) 虽天珠经历代多人佩戴，破损者在所难免，但不要有严重破损、断裂或再加工的情形（藏族认为天珠破损为挡灾，已失去护持的作用）。

(3) 带眼天珠的眼数愈多及眼为单数者因较稀少，故价格愈高。越接近九眼越好，如果一个天珠上有太多的眼，即成千眼天珠，在价格上反而大打折扣。每个眼睛的大小相近者为佳，若是大小不一便不能算是好天珠。

(4) 目前新天珠仿制技术成熟，必要时，可在清水或灯光下观察其表面的自然纹路，以便辨别真伪。

天珠手镯

(5) 有些老天珠的表面会有朱砂（但并非没有朱砂就不是天珠）。不过，此特征目前日本已能用激光仿制，判别原则是观看朱砂呈现于表面的深浅程度是“非常态分布”的，亦即有的朱砂呼之欲出，有的已在表面。

(6) 老天珠由于年代久远，且经历代多人佩戴过，表面有一定程度的风化纹（又称“鱼鳞纹”），此风化纹的分布亦是非常态分布的。目前，仿制天珠以高温烘烤的技术亦能制作逼真的风化纹（质感较为干涩生硬），鉴别法除了风化纹多呈“月轮状”之外，以高倍（100倍以上）放大镜观看其表面，真品会呈现类似宇宙天体的星河图案。

(7) 天珠的穿孔处必须和表面的色泽、光滑程度一致（有玉质感）；且以乳白色或淡黄色为佳，黑棕色次之。

(8) 天珠的表面应自然存在一层油亮、蜡状的润泽感。但也别因为看见的天珠呈现一片朦胧而贬低其价值，有的天珠会被卖家事先净过，就不容易显现出原本的光泽（这种情形应该在佩戴一阵子之后就会逐渐改善）。

(9) 有眼天珠的眼珠部分不要有跨越式的裂痕，否则会折损其价值。

上述的方法有些需要一定时间的练习与辨认，所以不要因为看到漂亮的就马上想买下来。若是以上方法皆无效，还有一个不得已却又直接的方法，那就是寻求可以用肉眼辨别气场的人帮忙。由于他们看见的是天珠本身散发出来的气场，而新天珠所散发出来的气场往往是千篇一律，所以较容易被人识破。

玛瑙

玛瑙，英文名称Agate。有记载说由于玛瑙的原石外形和马脑相似，因此称它为“玛瑙”。不论在旧约圣经或佛教的经典，都有玛瑙的事迹记载。在东方，它是“七宝”、“七珍”之一。玛瑙如果分大类的话，其实可以归到水晶里的微晶系里。

传说爱和美的女神阿佛洛狄躺在树荫下熟睡时，她的儿子爱神厄洛斯偷偷地把她闪闪发光的指甲剪下来，并欢天喜地拿着指甲飞上了天空。飞到空中的厄洛斯，一不小心把指甲弄掉了，而掉落到地上的指甲变成了石头，这就是玛瑙。因此，有人认为拥有玛瑙，可以强化爱情，调整自己与爱人之间的感情。在日本的神话中，玉祖栉明玉命献给天照大神的，就是一块月牙形的绿玛瑙，这也是日本三种神器之一。《太平广记》中亦载有“玛瑙，鬼血所化也”，给玛瑙增添了几分奇诡之色。

玛瑙是玉髓类矿物的一种，经常是混有蛋白石和隐晶质石英的纹带状块体，硬度7~7.5度，比重2.65，色彩相当有层次。有半透明或不透明的。

玛瑙的历史十分遥远，大约在一亿年以前，地下岩浆由于地壳变动而大量喷出，熔岩冷却时，蒸气和其他气体形成气泡。气泡在岩石冻结时被封起来而形成许多洞孔。很久以后，洞孔浸入含有二氧化硅的溶液凝结成硅胶。含铁岩石的可熔成分进入硅胶，最后二氧化硅结晶为玛瑙。本身属三方晶系。常呈致密块状而形成各种构造，如乳房状、葡萄状、结核状等，常见的为同心圆构造。颜色不一，视其所含杂质种类及多寡而定，通常呈条带状、同心环状、云雾状或树枝状分布，以白色、灰色、棕色和红棕色为最常见，黑色、蓝色及其他颜色亦有。条痕白色或近白色。蜡样光泽，断口贝壳状。

玛瑙有自然色的，也有后加工染色的。自然色主要有红色、琥珀色和白色。其中，以红色为最好。市面上出售的蓝色、紫色的玛瑙首饰不是本色，是经过加工后染上的，用几年后会出现退色。

人们对玛瑙质量和经济价值的评判，一般都是以肉眼识别作为主要手段，尽管现代科学技术发达，各种玉石鉴定仪器很多，但在交易过程中使用这些仪器，一是很不方便，二是不能解决问题。原因很简单，会受到环境的局限，若判断玛瑙的优劣及经济价值，那仪器就毫无用途了。交易现场不可能进行复杂仪器作业，所以肉眼鉴别始终是一种极其重要的方法。玛瑙种类繁多，素有“千样玛瑙万种玉”之说，所以鉴别方法也很多，通常以纹带、颜色、透明度、裂纹、杂质、砂心和块重为分级标准，除水胆玛瑙最为珍贵外，一般以搭配和谐的俏色原料为佳品。

镂空玛瑙手玩件

蚕丝玛瑙手链　　玛瑙项链

玛瑙手镯　　玛瑙杯子

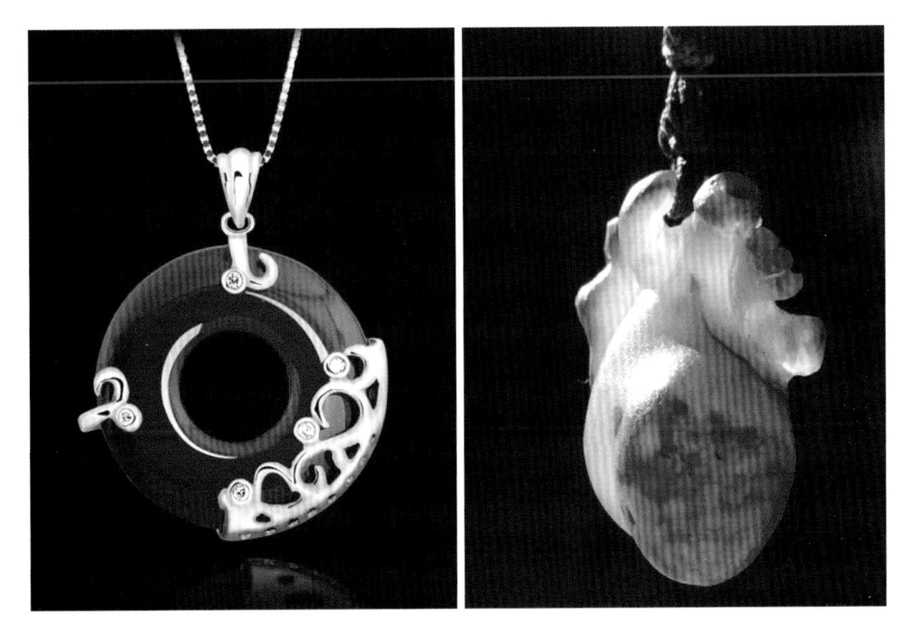

红玛瑙项链　　玛瑙挂饰

红玛瑙手镯

真假鉴选

⑴ 透明度。真玛瑙透明度不如人工合成的好，稍有混沌，有的可看见自然水线或“云彩”；而人工合成的玛瑙透明度好，像玻璃球一样透明。

⑵ 重量。真玛瑙首饰比人工合成的玛瑙首饰重一些。

⑶ 温度。真玛瑙冬暖夏凉，而人工合成玛瑙随外界温度而变化，天热它也变热，天凉它也变凉。

⑷ 花纹和颜色。真玛瑙色泽鲜明光亮，假玛瑙的色和光均差一些，二者对比较为明显。天然玛瑙颜色分明，条带花纹十分明显，而仿制的假玛瑙多数颜色艳丽、均一，给人一种假的感觉。

⑸ 质地。假玛瑙多为石料仿制，较真玛瑙质地软，用玉在假玛瑙上划，可划出痕迹，而真品则划不出。从表面上看，真玛瑙少有瑕疵，而假玛瑙劣质则较多。

选购要点

从色泽上看，一般优质天然玛瑙有玻璃和油质光泽，天然图案色泽艳丽明快，自然纯正，光洁细润；纹理自然流畅，最主要的是玛瑙上有渐变色，其颜色分明，层次感强，条带明显。而品质一般的玛瑙的色彩和光泽均要差一些。通常，玛瑙的颜色决定了它的升值潜力。各种级别的玛瑙，都以红、蓝、紫、粉红为最好，颜色要透亮，且应该无杂质、无沙心、无裂纹。

从制作工艺上看，天然玛瑙石质坚硬、润滑、凝重，因此它的雕刻比起玉石雕刻更费工夫。一般来说，经过能工巧匠精雕细琢而成的玛瑙是具有较高收藏价值的，越是薄的玛瑙雕刻起来难度越高。如果在市面上看见雕工特别好的明清老玛瑙，则要当心是现代仿品了。因为以当时的雕刻工艺，中间所打的线孔是不可能很平滑的，一般都歪歪扭扭，呈倒喇叭形。如果你看到一通到底很平滑的线孔，基本可判定是仿制品或者是假货。

从造型上看，一般外形有特点的玛瑙藏品收藏价值较高。玛瑙的质地很硬，制作起来需要有几十道工序，所以，造型越是繁复的外形，造价也就越高昂，自然，它的价值也就越高。

玛瑙手链

珊瑚

珊瑚是波斯语xuruhak的汉译。汉语中的“珊瑚”，狭义上指“珊瑚虫”、一种构成广义“珊瑚”的捕食海洋浮游生物的低等腔肠动物；而广义上的“珊瑚”不是个单一的生物，它是由众多珊瑚虫及其分泌物和骸骨构成的组合体，即所谓非

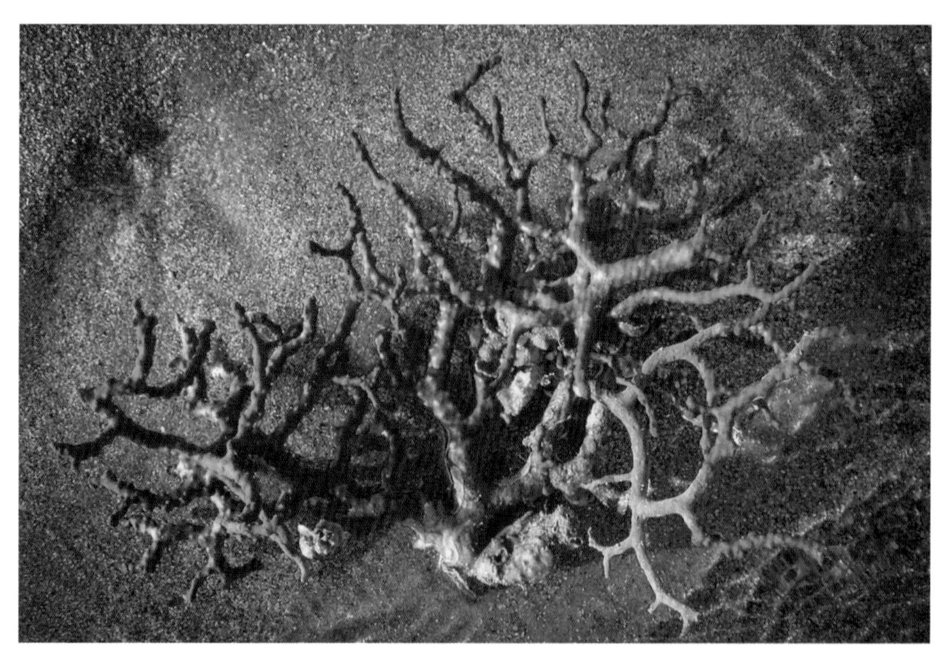

红珊瑚

植物类的“珊瑚树”以及非矿物类的“珊瑚礁”。地中海、红海、波斯湾古时皆产珊瑚，可做药材和装饰品。苏恭曰:“珊瑚生南海，又从波斯国及师子国来”。寇宗曰:“波斯国海中有珊瑚洲。海人乘大舶，堕铁网水底取。珊瑚所生磐石上，白如菌。一岁而黄，二岁变赤。枝干交错，高三四尺。人没水以铁发其根，系网舶上，绞而出之。失时不取，则腐蠹。”中国古代史籍《翻译名义》、《外国传》、《述异记》等，多有记载。古罗马人认为珊瑚具有防止灾祸、给人智慧、止血和驱热的功能。它与佛教的关系也很密切，印度和中国西藏的佛教徒视红色珊瑚是如来佛的化身，他们把珊瑚作为祭佛的吉祥物，多用来做佛珠，或用于装饰神像，是极受珍视的首饰宝石品种。

在宝石界，珊瑚是以颜色来分类的，有白珊瑚、红珊瑚、黑珊瑚和金珊瑚等。传说还有蓝珊瑚，但几乎没人见过，可能已经绝迹了。浅粉色的珊瑚被称为天使肌肤（angel skin），价格与赤红珊瑚——阿卡珊瑚（Aka）不相上下，是珊瑚中的佼佼者。黑珊瑚和金珊瑚实际上是海树的一种，与腔肠动物“遗体”的珊瑚还并非一回事。

珊瑚的化学成分主要为$CaCO_3$，以微晶方解石集合体形式存在，成分中还有一定数量的有机质，形态多呈树枝状，上面有纵条纹，每个单体珊瑚横断面有同心圆状和放射状条纹，颜色常呈白色，也有少量蓝色和黑色。珊瑚不仅形象像树枝，其颜色鲜艳美丽，可以做装饰品，并且还有很高的药用价值。

珊瑚的生长

珊瑚是由许多小珊瑚虫相互联结而成的。它对生长条件比较挑剔，对水深、温度、日照都有比较严格的要求。夏威夷产的粉红色珊瑚每年仅生长0.6cm，要70年以上才能采收。黑珊瑚生长速度比较快，每年可以长5cm，金珊瑚却没那么快了，也要50年才能采收。

珊瑚的产地

早期，地中海是珊瑚的主要产地，当时的珊瑚都生长在水深100米以内，捕捞后送到意大利进行加工，然后销往法国和西班牙，可以说当时意大利是珊瑚的集散地。而现在珊瑚最大的产区是台湾，最兴盛的时候产量占全球的八成之多。

鉴别

塑胶是最普遍的用以充当珊瑚的材料，与天然珊瑚最大的区别就是遇到酸时的不同反应，或者用20倍放大镜看可以看到天然珊瑚的孔隙和隔板。天然珊瑚也有被染色的嫌疑，因为红珊瑚价格较高，所以许多白珊瑚被染成红色出售，若用放大镜观察，可以看见空隙处和裂隙处颜色较深。

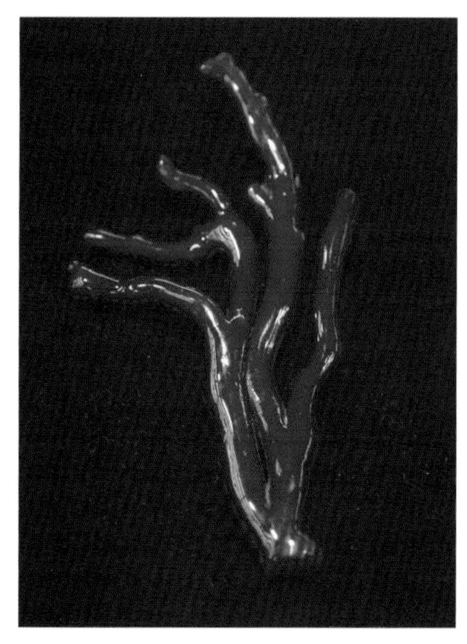

台湾红珊瑚

红珊瑚项链

红珊瑚手链

购买“秘籍”

1. 挑颜色

颜色虽说见仁见智，但普遍来讲深红色的比较有收藏价值，桃红和粉红珊瑚次之，而近年来肉粉色的珊瑚也大受欢迎。

2. 看缺陷

珊瑚也如所有宝石一样，价值受到瑕疵多少的影响。因为生长环境各异、品种不同的因素，同样颜色的珊瑚有的会有杂色或者是孔隙较大、有裂痕等，这些也都应在考虑范围内。

3. 选大小

珊瑚越大越珍贵，因为其生长周期长，自然是越大的珊瑚越弥足珍贵。

珊瑚价格透析

珊瑚在国际市场上是按克售卖的，早在30年前阿卡珊瑚的价格是600克3000元人民币左右，但如今已涨到66万元上下了，桃红珊瑚600克也要18万元。但是，在我国国内许多饰品店和各地的珠宝玉石市场上还是按件售卖，价格浮动不定，也根据其造型和配饰等因素有调整。

珊瑚的保养

珊瑚因为化学性质不稳定，所以要避免接触汗水和酸液，甚至热水也会让其溶解。珊瑚饰品不要磕碰硬的物品，也尽量不要与粗糙的衣物摩擦。

红珊瑚耳饰和胸针

孔雀石

孔雀石的英文名称为Malachite，来源于希腊语Mallache，意思是“绿色”。孔雀石由于颜色酷似孔雀羽毛上斑点的绿色而获得如此美丽的名字。中国古代称孔雀石为“绿青”、“石绿”或“青琅玕”。孔雀石是一种古老的玉料，产于铜的硫化物矿床氧化带，常与其他含铜矿物共生（如蓝铜矿、辉铜矿、赤铜矿、自然铜等）。世界著名产地有赞比亚、澳大利亚、纳米比亚、俄罗斯、刚果（金）、美国等地区。中国主要产于广东阳春、湖北黄石和赣西北。

孔雀石是含铜的碳酸盐矿物，化学成分为$Cu_2(OH)_2$，CuO71.9%，$CO_2$19.9%，H_2O8.15%。属单斜晶系。晶体形态常呈柱状或针状，十分稀少，通常呈隐晶钟乳状、块状、皮壳状、结核状和纤维状集合体。具同心层状、纤维放射状结构。有绿、孔雀绿、暗绿色等色。常有纹带，丝绢光泽或玻璃光泽，似透明至不透明。折光率1.66~1.91，双折射率0.25，多色性为无色—黄绿—暗绿。硬度3.5~4.5，密度3.54~4.1g/cm^3。性脆，贝壳状至参差状断口。遇盐酸起反应，并且容易溶解。虽然名字里有个“石”，孔雀石却几乎没有石头坚硬、稳固的特点。它的韧性差，非常脆弱，所以很容易碎，害怕碰撞。所以，孔雀石的首饰设计需要以精湛的工艺为依托，否则，再漂亮的款式，却无法让石头按照你的意愿去改变，等于白费。一般不适合做戒指，多用做串珠和胸针。

正因为孔雀石的晶体呈细长柱状且紧密的排列在一起，从而产生了葡萄形及同心圆状的条痕。根据不同绿色阴影的条痕，可以很容易地将孔雀石与其他矿物分别出来。没有两块一样的孔雀石——这种充满了纹理的石头就是有这种好处，让你没有撞款的担心。判断孔雀石品质的依据主要是它的颜色和纹理，纹理越细腻，颜色越鲜艳，品质越上乘。

孔雀石价格不高，所以仿制品也不是很多，如果有看中的，可以跟老板讨一点折扣，就可以轻松拿下心仪的饰品，戴出去别具一格，夺人眼球。

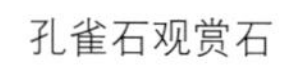

孔雀石观赏石

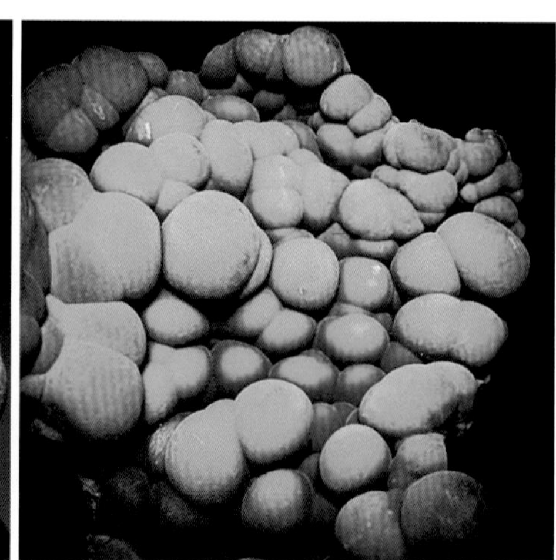

孔雀石原石

科普摘要篇

宝石鉴定证书介绍

全世界有色宝石鉴定公认权威十大机构如下。

（1）Gubelin Gem Lab（瑞士古柏林宝石鉴定所）

（2）SSEF（瑞士宝石学院附鉴定所）

（3）GRS（瑞士宝石研究鉴定所）

（4）FGA（英国皇家宝石协会和宝石检测实验室）

（5）GIA（美国宝石学院）

（6）AGTA-GTC（美国宝石商会宝石鉴定定所）

（7）AGL（美国宝石鉴定所）

（8）GAAJ（日本全国宝石学协会）

（9）CGL（日本中央宝石研究所）

（10）AIGS（泰国曼谷亚洲宝石科学院）

全世界以Gubelin、SSEF、GRS瑞士这前三家有色宝石鉴定中心为世界翘楚，亚洲又以GAAJ、CGL、AIGS为权威标准，广受苏富比、佳士得等国际珠宝拍卖会青睐。

GIA证书

GIA美国宝石学院（Gemological Institute of America）是把钻石鉴定证书推广成为国际化的创始者。它是在1931年由Mr. Robert Shipley所创立，至今已有80多年的历史。GIA是非营利机构，经费由珠宝业界人士捐献。因为GIA不涉及营利事业，在名誉第一的前提之下，不会因人为因素影响鉴定结果，所以在鉴定书内容品质方面，极具公信力。它不仅是美国第一所宝石学校，同时也是全球珠宝业界最具规模、最受推崇，也最被认同的珠宝钻石鉴定机构。GIA国际证书的钻石在国际范围内都被认可，价格一直稳中有升，无论是结婚用、投资或做传家宝，都是上佳选择。

GIA美国宝石学院自2006年起，在全球范围内正式推出GIA钻石鉴定证书网上查询系统。该系统的推出，对于鉴定证书的查询和防伪起到了极大的作用。

GIA的地位

- GIA是钻石“4C”的创始者；
- GIA是现代珠宝显微镜的发明者；
- GIA拥有全球最大的宝石学图书馆；
- GIA是全球最被信赖的钻石分级者；
- GIA是研究宝石学家G.G.课程的起源地；
- GIA是国际钻石分级系统的共同发源地；
- GIA的教育文凭被全世界所接受。

①Laser Inscription Registry：激光印记《镭射编号》，GIA 12345678刻在钻石腰上的镭射号码，黑色，GIA三字为空心字母，编号与Report的编号一致，作为识别GIA钻石身份的证明。

② Shape and Cutting Style：钻石琢型，ROUND是圆钻。

③ Measurements：钻石尺寸，直径（最小-最大）×高度。直径允许是个范围，单位是毫米。

“4C”

- Carat Weight：钻石重量。
- Color Grade：钻石颜色。
- Clarity Grade：钻石净度。
- Cut Grade：钻石切工。

附加信息

Clarity Characteristics：包裹体，一些天然钻石的内部特征，比如crystal小晶体、cloud云雾状包裹体等，这些是在显微镜下才可以发现的内部特征，用来证明钻石的天然性。

Finish：修饰度，也就是钻石切割完成后对钻石美丽程度的修饰，生活化一点就是化妆做发型这样的类型，比不上Cut切工重要，但是如果修饰度好一些，也会增加钻石的美感。修饰度分为以下三个方面。

① Polish：抛光。抛光会增加钻石的亮度。但有一些钻石有天然的特征，比如原始晶面等，是不能被抛光掉的。所以如果是这样的天然情况，对抛光也不要太苛求。

② Symmetry：对称性。对称就是一颗钻石左右切割得是否对称。因为所有钻石都有最大和最小的直径，所有没有一颗钻石是完全对称的。

③ Fluorescence：荧光。钻石有荧光是自然现象，蓝色的荧光可以增强钻石的亮白度，而黄色的荧光降低亮白度。所以带荧光的钻石也要看是哪一种光，有荧光也无妨，也许会让钻石更加漂亮。

官方网站：http：//www.gia.edu/

GRS证书

它是1996年由Dr. A. Peretti所创立，所出证书的特色是可以指出红宝石、蓝宝石、祖母绿和其他宝石的产地和优化处理情况。目前只在泰国曼谷和香港两地有实验室，鉴定费100~300美元不等。

影响宝石价格的重要因素为Comment这一项。Comment为GRS宝石鉴定作的标组合说明，经过物理和化学测试后，将结果写在此处的备注栏，标示字母缩写如下。

无：无热处理或优化处理迹象（No indication of thermal treatment）。

E（Enhanced）：优化处理，包括加热后净度或颜色优化，愈合裂隙及洞痕处没有残留物或含微量外来残留物，视为永久性处理。

H（Hot）：热处理，无残留物（传统优化处理）。

H（a）：热处理，微量残留物。

H（b）：热处理，少量残留物。

H（c）：热处理，中量残留物。

H（d）：热处理，明显残留物。

H（Be）：以化学元素进行的热处理。

E（IM）：包括铍元素等轻微元素的扩散式热处理，诱发形成色域及颜色中心（此法和表层热扩散处理不同），是为永久性处理。

LIBS（Laser-Induced Breakdown Spectroscopy）：激光诱导击穿光谱仪检测。

FTIR（FT-IR Spectromete）：傅里叶变换红外光谱仪检测。

CE（Clarity Enhancement）：净度优化。

CE（O）：浸油（净度优化）。

（Dried out features）若有干渍迹象，表示该宝石可在进一步的粗粒下提升净度等级。

None：无。

Minor（Insignificant）：轻度。

Moderate：中度。

Prominent（Significant）：显著。

C：Coating镀膜处理。

D：Dyeing染色处理。

O：Oil浸油处理。

R：Irradiation辐照处理。

U：Diffusion表层热扩散处理。

FH：Fissure Healing愈合裂隙。

也就是说，Comment一项中，如果有H（a）、H（b）、H（c），是经过热处理的，如果是C、D，就要注意了，最好放弃。图中的CE（o）代表的是浸过油的，不过后面还跟了一句话，insignificant（可以忽略不计）。

官方网站http：//www.gemresearch.ch/

AIGS证书

AIGS（Asian Institute of Gemological Sciences）亚洲宝石学院，于1978年在泰国曼谷成立，是东南亚第一家珠宝学教育机构。

官方网站：http：//www.aigsthailand.com/

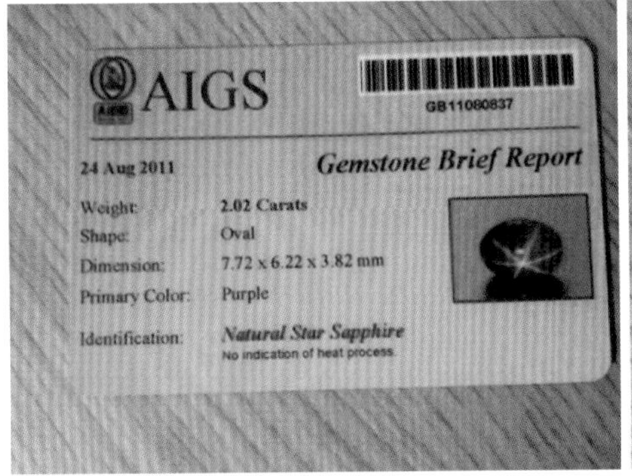

AIGS 证书正面

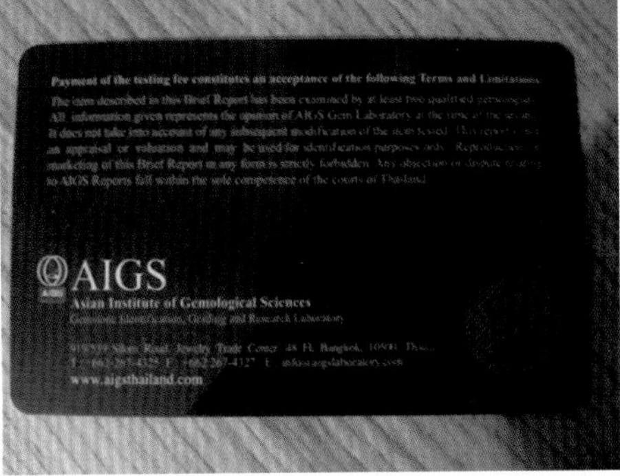

AIGS 证书背面

专业名词解释

摩氏硬度

摩氏硬度又名莫斯硬度，表示矿物硬度的一种标准。1812年由德国矿物学家莫斯（Frederich Mohs）首先提出。

应用划痕法将棱锥形金刚钻针刻划所试矿物的表面而发生划痕，习惯上矿物学或宝石学上都是用莫氏硬度。

用测得的划痕的深度分十级来表示硬度（刻划法）：滑石（talc）1（硬度最小），石膏（gypsum）2，方解石（calcite）3，萤石（fluorite）4，磷灰石（apatite）5，正长石（feldspar；orthoclase；periclase）6，石英（quartz）7，黄玉（topaz）8，刚玉（corundum）9，金刚石（diamond）10。

硬度值并非绝对硬度值，而是按硬度的顺序表示的值。

应用时作刻划比较确定硬度。如某矿物能将方解石刻出划痕，而不能刻萤石，则其莫氏硬度为3~4，其他类推。莫氏硬度仅为相对硬度，比较粗略。虽滑石的硬度为1，金刚石为10，刚玉为9，但经显微硬度计测得的绝对硬度，金刚石为滑石的4192倍，刚玉为滑石的442倍。莫氏硬度应用方便，野外作业时常采用。

除了原本列出的1~10种矿物，这里也另外收集了其他常见物品的硬度值，可供参考。

解理

岩石中的裂隙，其两侧岩石没有明显的位移。节理是地壳上部岩石中最广泛发育的一种断裂构造。通常，受风化作用后易于识别，在石灰岩地区，节理和水溶作用形成喀斯特。按成因节理可分为以下三种。

①原生节理，成岩过程中形成，如沉积岩中因缩水而造成的泥裂或火成岩冷却收缩而成的柱状节理。

其他常见物品的硬度值

硬度	代表物	常见用途	延伸阅读
1	滑石（Talc）、石墨(Graphite)	滑石为已知最软的矿物，常见应用有滑石粉	zealer
1.5	皮肤（Skin），天然砒霜		
2	石膏（Gypsum）	用途广泛的工业材料	
2~3	冰块（Ice）		
2.5	指甲（Nail）、琥珀（Amber）、象牙（Ivory）		
2.5~3	黄金（Pure gold）、白银(Silver)、铝(Aluminium)	黄金、白银常见用于饰品，铝则常见于工业应用	
3	方解石（Calcite），铜(Copper)、珍珠（Pearl）	方解石可做雕刻材料，也是许多工业的重要原料 铜最早用于装饰，还可用于合金制作、电子工业的传输媒材等	
3.5	贝壳（Shell）		
4	萤石（Fluorite）	又称氟石，可做雕刻材料，常见应用于冶金、化工、建材工业	
4~4.5	铂金（Platinum）	稀有金属，亦是贵金属中最硬的。铂金常用于军事工业或饰品加工	
4~5	铁（Iron）	常见用于炼钢、其他工业应用	
5	磷灰石（Apatite）	磷是生物细胞质的重要组成元素，常见用于饲料、肥料工业，亦是重要的化工原料	
5.5	不锈钢（Stainless steel）		
6	正长石（Orthoclase）、Tanzanite 丹泉石（坦桑石）、纯钛	正长石可作为陶瓷、玻璃、珐郎，以及制造钾肥的原料	
6~7	牙齿（齿冠外层）	主要成分为羟基磷灰石	
6~6.5	软玉-新疆和阗玉		
6.5	黄铁矿（Iron pyrite）	硫酸原料来源、提炼黄金、药用等	
6.5~7	硬玉-缅甸翡翠或翠玉		

硬度	代表物	常见用途	延伸阅读
7	石英（Quartz），紫水晶(Amethyst)	为常见的耐火材料与玻璃（二氧化硅）的主要原料	
7.5	电气石（Tourmaline）、锆石(Zircon)	常见于饰品应用	
7~8	石榴子石（Garnet）	广泛用于建筑行业领域	
8	黄玉（Topaz）	常见于饰品应用	
8.5	金绿柱石（Chrysoberyl）	常见于饰品应用	
9	刚玉（Corundum）、铬、钨钢	饰品、磨料等。常见的宝石如红宝石、蓝宝石等天然宝石均属刚玉；人造宝石“蓝宝石水晶”(可看站内此篇说明)，其硬度亦同刚玉等级	
9.25	莫桑宝石（Moissanite）	人造宝石，明亮的程度为钻石 2.5 倍，但价格约为 1/10	
10	钻石（Diamond）	地球最硬天然宝石，常见于饰品应用	
大于10	聚合钻石纳米棒(aggregated diamond nanorod，ADNR)	德国科学家于 2005 年研制出比钻石更硬的材料，具有广泛的工业应用前景	

②构造节理，由构造变形而成。

③非构造节理，由外动力作用形成的，如风化作用、山崩或地滑等引起的节理，常局限于地表浅处。

断口（Fracture）

矿物的一种力学性质。与“解理”相对，矿物受力后不是按一定的方向破裂，破裂面呈各种凹凸不平的形状的称断口。没有解理或解理不清楚的矿物才容易形成断口。

断口有别于解理面，它一般是不平整的面。根据断口形状将断口分成贝壳状断口、不平坦断口、裂木状断口、梯状破裂断口等。

光泽度（Gloss）

来自试样表面的正面反射光量与在相同条件下来自标准板表面的正面反射光量之百

分比。

光泽度的评价可采用多种方法（或仪器）。它主要取决于光源照明和观察的角度，仪器测量通常采用20°、45°、60°或85°角度照明和检出信号。不同行业往往采用不同角度测量的仪器。如使用Ingersoll光泽计所测得的是对比光泽度（contrast gloss），主要用于白纸或接近于白纸光泽度的测定，高光泽纸（超过75%光泽度）和色泽光泽度的测定宜采用镜面光泽度测定法。塑料制品的表面粗糙度可用光泽计测出并能定量地表示出来，同时这些制品表面若经一定磨损后，还可以用其磨损前后的光泽度变化来表征。

光泽度常用测试工具、光泽度仪，应用范围如下。

- 油墨、油漆、烤漆、涂料、木制品等表面光泽测量。
- 建筑装饰材料，如大理石、花岗岩、玻化抛光砖、陶瓷砖等表面光泽测量。
- 塑料、纸张等表面光泽测量。
- 其他非金属材料表面光泽测量。

一般指加工品的表面色泽，磨损、损坏会影响光泽度。

基本工具使用介绍

10倍放大镜的使用

10倍放大镜是一种比较常用的宝玉石检测工具，它具有结构简单、操作方便、易于携带等优点。

对于宝石鉴定来说，珠宝用放大镜的倍率，并非越大越好，因为从镜头制作上讲，超过10倍而又能保证其光学质量和通光口径（放大镜的通光口径，以16~20mm为宜）是非常困难的；另外，超过10倍的放大镜由于焦距太短也难以使用。而使用10倍放大镜时，固定物至镜头顶端的距离2.5cm是最适当的距离；若用20倍的放大镜，则其物与径的距离仅1cm，观察很不方便；一个重要的原因是，国际上观察彩色宝石品质大都是由肉眼观察来判定的，而钻石品质观察是据10倍放大为标准的。

鉴于以上原因，珠宝界均以10倍放大镜观察珠宝首饰。放大镜主要用于观察宝石表面特征及内部特征，经验越丰富的观察者，通过放大镜所获得的信息量越大。

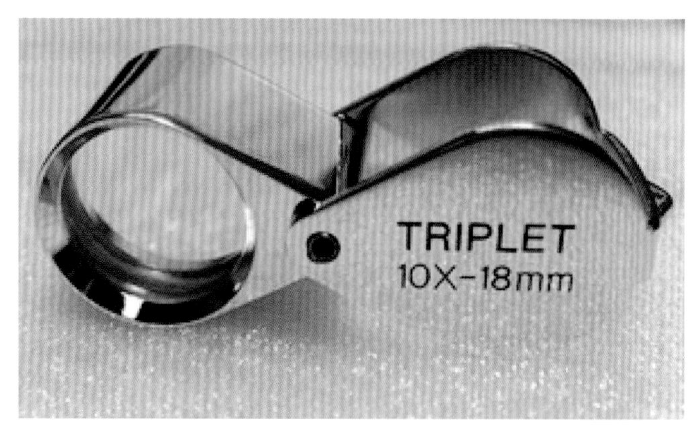

10 倍放大镜

首先看外部特征，通过放大镜可以确定宝石的光泽、刻面棱线的尖锐程度、表面光滑程度、原始晶面、解理、断口和拼合特征等。例如宝石的冠部、亭部光泽不同，表明其可能为拼合宝石；刻面棱线尖锐，表面光滑，表明其硬度很大；表面具多组平直纹理，具阶梯状断面者，表明其解理很发育；而具贝壳状断口者，表明其可能为单晶宝石；具土状断口者，表明其可能为多晶质集合体宝石。观察宝石加工质量，即宝石的切磨质量和抛光质量的观察，包括宝石的各部分比率及修饰度等。

其次，看内部特征，包括色带、生长纹、后刻面棱线重影和包体等。如色带呈弧形，则可能是合成品；有后刻面棱线重影，必为双折射率较大的宝石。宝石的包体特征及其组合可以表征其成因（天然或合成），甚至提供产地信息。主要用于钻石的简易鉴定和净度分级、切工分级等。

其他次之，例如以10倍放大镜观察红、蓝宝石以及翡翠玉镯，认为无裂纹而买下该饰物，但买主再用20倍放大镜观看，发现饰物有微细裂纹或玉纹，但是卖主可以认为该饰品并无问题。因为随着放大镜倍数的提高，则本来不成问题的微细玉纹或裂纹也会显露出来，对某些玉器来讲，更会是这样。

放大镜的使用方法：鉴定宝石时，应一只手将放大镜尽可能地靠近眼睛，另一只手用镊子夹住宝石置于离放大镜约2.5cm处光下。调整宝石与光源的角度，在反射光下可观察宝石的内部特征；光线由背面或侧面入射，有利于观察宝石的内部特征。使用放大镜时，要求双眼同时睁开，以避免眼睛疲劳。

用放大镜可以观察：宝石的表面损伤、划痕、缺陷；琢型质量；抛光的质量；宝石内部的缺陷、包裹体；颜色的分布和生长线等。

选择放大镜的质量也很重要，质量差者在放大时将产生图形畸变。

钻石镊子的使用步骤

（1）清洁钻石镊子。

（2）将裸钻台面向下底尖向上摆放在白色板上。

（3）手拿在镊子的1/2处，夹住裸钻的腰部两侧，即可夹起裸钻。

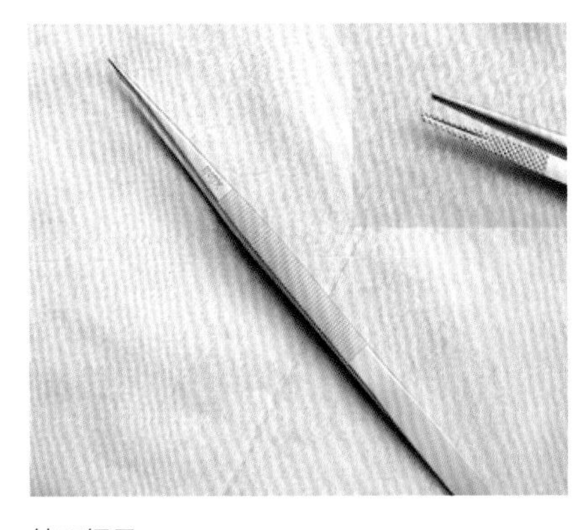

钻石镊子

电子天平的使用步骤

(1) 将电子天平摆放在水平台面上。

(2) 通过调节电子天平的螺旋腿，将电子天平的水银球调至圆圈正中间。

(3) 按下电子天平开启键。

(4) 选择称重单位。

(5) 称重前将电子天平数值归零。

(6) 称重后，等电子天平数值稳定后再读数。

电子卡尺的使用步骤

(1) 在使用前要将数值清零。

(2) 测量时应使测量爪轻轻夹住被测物，不要夹得过紧，待稳定后读数。

(3) 为了取得较为精准的测量值，可多测几次求出一个平均数。

电子天平

电子卡尺

切工镜的使用步骤

(1) 用切工镜观察裸钻的台面。

(2) 将切工镜的底座垂直放在裸钻上。

(3) 眼睛贴近切工镜上端，用俯视的垂直光纤去观察其切工状况。

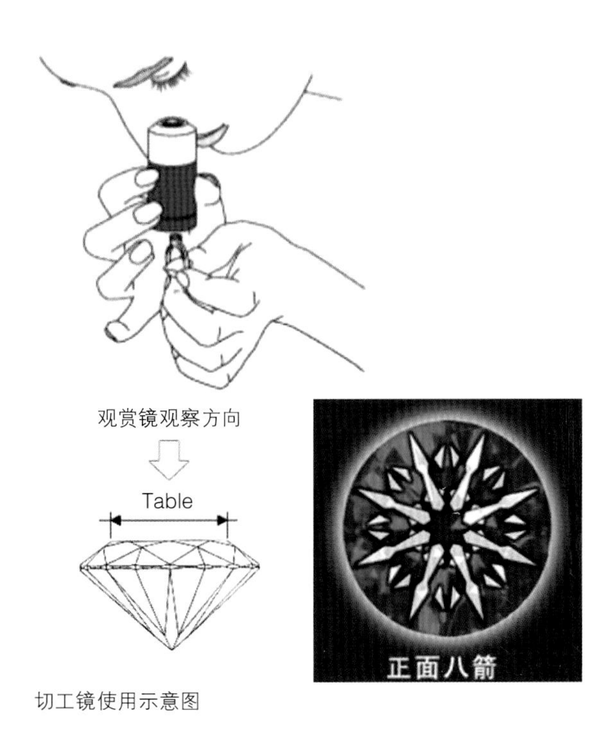

切工镜使用示意图